Swapnil Srivastava
Mukesh Kumar
Vaishali .

Análise da diversidade genética de isolados de Trichoderma

Swapnil Srivastava
Mukesh Kumar
Vaishali .

Análise da diversidade genética de isolados de Trichoderma

Caracterização molecular de isolados de Trichoderma usando marcadores SSR

ScienciaScripts

Cover image: www.ingimage.com

This book is a translation from the original published under ISBN 978-3-659-30295-4.

Publisher:
Sciencia Scripts
is a trademark of
Dodo Books Indian Ocean Ltd. and OmniScriptum S.R.L publishing group

120 High Road, East Finchley, London, N2 9ED, United Kingdom
Str. Armeneasca 28/1, office 1, Chisinau MD-2012, Republic of Moldova, Europe
Printed at: see last page
ISBN: 978-620-8-35771-9

RECONHECIMENTO

As grandes realizações nascem frequentemente de um pequeno começo. Quando iniciei este trabalho de investigação, nunca pensei que viria a ser um trabalho tão completo. As palavras são insuficientes para exprimir emoções; por conseguinte, o meu reconhecimento é muitas vezes superior ao que aqui exprimo. Os meus sinceros agradecimentos e o meu profundo sentido de obrigação para com o Presidente do meu Comité Consultivo, **Dr. Mukesh Kumar,** Professor Associado.

É com imenso prazer que exprimo o meu sincero sentimento de gratidão e de dívida para com o meu ilustre presidente, **Dr. Mukesh Kumar,** Professor Associado, Departamento de Biotecnologia Agrícola, Faculdade de Agricultura, Universidade de Agricultura e Tecnologia Sardar Vallabhbhai Patel, Meerut, pela sua orientação inspiradora, pelo seu vivo interesse, pela sua disponibilidade para lhe sugerir temas de investigação, pela sua valiosa orientação, pela sua inspiração constante, pelas suas críticas construtivas, pelos seus conselhos versáteis e talentosos e pelos seus esforços incansáveis na preparação do manuscrito desta dissertação. Gostaria de expressar os meus agradecimentos cordiais aos membros do meu comité consultivo, **Dr. Pushpendra Kumar,** Professor, Departamento de Biotecnologia Agrícola e **Dr. S. K. Singh,** Professor Associado, Departamento de Genética e Melhoramento Vegetal, Faculdade de Agricultura, Universidade de Agricultura e Tecnologia Sardar Vallabhbhai Patel, Meerut.

Agradeço sinceramente ao **Dr. R.S. Sengar,** Professor e Diretor do Departamento de Biotecnologia Agrícola, SVPUAT, Meerut, à **Dra. Vaishali,** Professora Associada do Departamento de Biotecnologia Agrícola, SVPUAT, Meerut, e ao **Dr. M. K. Yadav,** Professor Associado do Departamento de Biotecnologia Agrícola, SVPUAT, Meerut, pela sua orientação ao longo dos meus estudos de pós-graduação.

Gostaria de deixar registado o meu profundo sentimento de veneração para com o **Dr. R. K. Naresh,** Reitor de Estudos de Pós-Graduação, **o Dr. Vivek Dhama,** Reitor da Faculdade de Agricultura, **o Dr. Anil Sirohi,** Diretor de Investigação da Universidade de Agricultura e Tecnologia Sardar Vallabhbhai Patel, Meerut, por terem proporcionado todas as facilidades durante o estudo. Gostaria de expressar os meus sinceros agradecimentos ao **Dr. R.K. Mittal,** Hon'ble Vice-chancellor, Sardar Vallabhbhai Patel University of Agriculture & Technology, Meerut.

É com grande alegria que exprimo os meus sinceros agradecimentos aos meus superiores, **Sra. Suniti, Sr. Pradeep Badal, Sr. Vishwajeet Yadav, Sr. Alamgir, Sra. Varsha Rani, Sra. Arpita Shankar, Sr. Vyankatesh Bagul,** pela sua ajuda e orientação. É, de facto, um grande prazer reconhecer o amor e a cooperação dos meus queridos colegas de grupo, **Sr. Aniruddh Yadav, Sr. Narayana Ruthwek, Sr. Pushpendra Singh,** amigos, **Sra. Amrit, Sr. Rahul Singh** e juniores, **Sr. Anant Sharma,**

***Sra. Garima Sharma, Sr. Kushagra Yadav, Sr. Krishna Rai, Sr. Ch. Naresh**, pelos seus olhos atenciosos e mãos amigas, que tornaram o período de estudo muito memorável. Uma palavra de apreço para o **Sr. Nityanand,** escriturário, e o **Sr. Sajid,** peão, pelo seu apoio durante o inquérito.*

*Todas as palavras do léxico serão inúteis se eu não expressar a minha gratidão para com os meus pais, **Shri. Manoj Kumar Srivastava** e **Sra. Kiran Srivastava,** buaa **Sra. Poonam Srivastava,** chacha-chachi **Sr. Vinod Srivastava** e **Sra. Anita Srivastava** e também aos meus irmãos **Sr. Rajat, Sra. Ritika, Sra. Rashmi e Sr. Anurag** pelas suas bênçãos, sacrifício, afeto, apoio moral e muito amor e carinho ao longo da minha vida. Por último, apresento os meus cumprimentos a todos aqueles que me ajudaram direta ou indiretamente durante a minha investigação.*

Local: Meerut (Swapnil Srivastava)

***Data**:*

ÍNDICE

ABREVIATURAS

Palavras	Abreviaturas/Símbolos
Anonymous	Anon.
At the Rate	@
Base Pair	bp
Corn Meal Agar	CMA
Centimetre	cm
Concentration of H^+/OH^- ions	pH
Co-workers	et.al.
Deoxynucleotide triphosphate	dNTP
Deoxyribonucleic acid	DNA
Ethylene diamine tetra acetic acid	EDTA
Figure	Fig.
Gram	g
Internal Transcribed Spacers	ITS
Magnesium chloride	$MgCl_2$
Megabyte	Mb
Microlitre	µl
Milligram	mg
Millilitre	ml
Millimetre	mm
Mitochondrial DNA	mtDNA

N-cetyl N, N, N-trimethyl ammonium bromide	CTAB
Number	No.
Polymerase Chain Reaction	PCR
Percent	%
Polymerase chain reaction	PCR
Polyvinyl Pyrrolidone	PVP
Potato Dextrose Agar	PDA
Potato Dextrose Broth	PDB
psi	pounds per square inch
Random Amplified Polymorphic DNA	RAPD
Ribosomal DNA	rDNA
Ribonucleic acid	RNA
Scanning Electron Microscope	SEM
Sodium Dodecyl Sulphate	SDS
Serial No.	Sr. No.
Sodium Chloride	NaCl
Simple Sequence Repeat	SSR
That is	i.e.
Thermus aquaticus	Taq
Trichoderma Selective Media	TSM
Tris-acetate EDTA	TAE buffer
Tris-EDTA buffer	TE buffer
Ultraviolet (light)	UV

CAPÍTULO *1*
INTRODUÇÃO

Trichoderma é um género de fungos da família Hypocreaceae que se encontra em todos os solos e é o fungo cultivável mais comum. Numerosas espécies deste género enquadram-se na categoria de simbiontes oportunistas e não patogénicos das plantas (**Harman *et al.*, 2004**). Este facto está relacionado com a capacidade de diferentes espécies de *Trichoderma* desenvolverem parcerias endofíticas mutualistas com vários tipos de plantas (**Bae *et al.*, 2011**). **Christian Hendrik Persoon** descreveu pela primeira vez o género em 1794, mas tem sido um desafio determinar a sua taxonomia. Durante muito tempo, pensou-se que *Trichoderma viride*, uma espécie conhecida por produzir bolor verde, era a única espécie do género.

Em 1991, **Bissett** dividiu o género em cinco secções, em parte com base nas espécies agregadas descritas por **Rifai**, a divisão compreendia *Pachybasium*, *Longibrachiatum*, *Trichoderma*, *Saturnisporum*, *Hypocreanum* (**Bissett *et al.*, *1991***).

As espécies de fungos pertencentes ao género *Trichoderma* ocorrem em todo o mundo e podem ser facilmente isoladas do solo, da matéria orgânica das plantas e da madeira em decomposição, etc. (**Howell, 2003**). *Trichoderma spp.* são frequentemente isoladas de solos florestais ou agrícolas e de madeira e também podem ser facilmente isoladas de solo ácido com um intervalo de pH de 3,5 a 4,5. *Trichoderma spp.* caracteriza-se pela sua capacidade de crescimento rápido para formar colónias que produzem conidióforos tufados ou postulados, repetidamente ramificados, com fiálides e conídios hialinos na cabeça (**Kotasthane e Shalini, 2007**). O género *Trichoderma* inclui um total de 405 espécies registadas e reconhecidas em julho de 2021 *(***Bustamante *et al.*, 2021, Rodríguez *et al.*, 2021***)*. Algumas das espécies de importância agrícola incluem *T. asperellum, T. atroviride, T. harzianum, T. viride.*

Entre as várias espécies de *Trichoderma* identificadas, a sequenciação do genoma foi realizada na espécie *Trichoderma reesei* e o tamanho do seu genoma foi reportado como sendo de 33 Mb, sendo constituído por sete cromossomas **(Martinez, 2008)**. Estima-se que o tamanho do genoma de todas as espécies de *Trichoderma* varia entre 31 e 39 Mb e que o número de cromossomas varia entre 3 e 7, dependendo da espécie.

Um conhecido agente de biocontrolo agressivo, *Trichoderma spp.* tem um elevado potencial de reprodução e colonização. São muito eficazes devido à sua vasta gama de atividade antagonista, atividade antibiótica, micoparasitismo e actividades que encorajam o crescimento das plantas. Podem produzir antifúngicos, quitinases e empregar micoparasitismo (perturbação física do crescimento hifal do agente patogénico: enrolamento, penetração e dissolução do citoplasma), induzir uma resposta de defesa do hospedeiro ou ser bem sucedidos na monopolização do espaço da rizosfera e dos nutrientes, dependendo da espécie de *Trichoderma* sp., do agente patogénico e da planta hospedeira **(Howell, 2003).** Para além da atividade BCA, também activam os mecanismos de defesa das plantas (PDM) destinados a combater infecções e a aumentar a resistência das plantas às doenças. Foi relatado que as espécies de *Trichoderma* produzem enzimas como quitinase, β-1,3- glucanase, endoglucanase, protease, endochitinase, que auxiliam na degradação da parede celular e na libertação de toxinas que inibem o crescimento de agentes patogénicos **(Puyam, 2016)**. Outra abordagem pode ser a produção de terpenóides, fitoalexinas e outras enzimas líticas, bem como a indução da via ou sistema ácido salicílico-jasmonato. **(Harman *et al.*, 2004, Agrios., 2005)**

A relação de *Trichoderma* com as plantas ajuda na promoção do crescimento das plantas (PGP). Os rendimentos biológicos das culturas são aumentados por eles, estimulando o crescimento das raízes ou dos rebentos. Além disso, aumentam a produção de hormonas que estimulam o crescimento, bem como a ingestão de minerais como o azoto, o cobre, o fósforo, o ferro e o manganês. O primeiro controlo prático de doenças das culturas com *Trichoderma* foi relatado no controlo da podridão radicular dos citrinos causada por *Armillaria mellea*. Desde então, uma variedade de agentes patogénicos transmitidos pelo solo, incluindo *Phytophthora, Rhizoctonia, Fusarium, Sclerotium, Pythium* e *Galaumannomyces*, foram controlados com sucesso com a sua ajuda. A espécie de *Trichoderma* mais comum empregue no biocontrolo de fungos que infectam plantas é *Trichoderma harzianum* Rifai; a sua eficiência é frequentemente atribuída ao seu modo de nutrição micoparasitária **(Degenkolb *et al.*, 2015).** *Trichoderma spp.* é comprovadamente um dos potenciais agentes biológicos de biorremediação, a fim de reduzir a poluição causada pelo uso excessivo de pesticidas.

Foi provado que têm a capacidade de degradar o herbicida Sulfonilureia (Vázquez *et. al.* 2015), Diclorvos **(Sun *et. al.*, 2019)**, Metsulfurão-metilo **(Yadav e Choudhury, 2014)** e vários outros pesticidas químicos.

A biodiversidade é descrita como a diversidade encontrada no mundo vivo. A diversidade genética foi definida por **Rao e Hodgkin (2002)** como a totalidade de todas as caraterísticas herdadas de uma dada espécie ou género. Numerosos trabalhos de investigação no domínio da ciência sublinharam a importância da diversidade genética na promoção do desenvolvimento da resistência genética a vários stresses bióticos e abióticos **(Hughes *et al.*, 2004). Hajjar *et al.* (2008)** mostraram que, quando a variedade genética aumenta, o controlo de pragas e doenças tende a melhorar, proporcionando oportunidades para um maior desenvolvimento da espécie. Para o rápido melhoramento genético das espécies cultivadas, a diversidade genética é essencial **(Trethowan e Kazi, 2008).**

As espécies *de Trichoderma* são difíceis de diferenciar morfologicamente, portanto, para caraterizar uma nova espécie, é usada uma combinação de estudos moleculares, morfológicos, genômicos e fisiológicos **(Badaluddin *et al.*, 2018)**. Para caraterizar a variação genética e a diversidade dentro e entre as populações *de Trichoderma*, marcadores moleculares como o Polimorfismo de Comprimento de Fragmento de Restrição (RFLP), DNA Polimórfico

Amplificado Aleatório (RAPD), Repetições de Sequência Simples (SSR), Polimorfismo de Comprimento de Fragmento Amplificado (AFLP), Região Amplificada Caracterizada por Sequência (SCAR), Sequência Polimórfica Amplificada Clivada (CAPS), Repetições de Sequência Inter-simples (ISSRs) e análise de sequência foram desenvolvidos. A caraterização de espécies de fungos utilizando abordagens tradicionais não é tão definitiva como pelo método de genotipagem. Assim, a abordagem polifásica, o resultado inclusivo de várias técnicas, tais como a análise molecular, morfológica, genómica e fisiológica, é utilizada para descobrir a caraterização de uma nova espécie.

Recentemente, os métodos moleculares estão a ser amplamente utilizados para a caraterização de isolados *de Trichoderma*, o que inclui técnicas de sequenciação de ADN (Apple e Gordon, 1996), análise SSR (Simple Sequence Repeats), análise RAPD (Random Amplification of Polymorphic DNA), análise ITS (Internal Transcribed Sequences) do ADN ribossómico (rDNA-ITS1), e UP-PCR (Universally Primed Polymerase Chain Reaction), etc. **(Cumagun *et al.*, 2012).**

A seleção assistida por marcadores e o mapeamento genético no melhoramento foram grandemente auxiliados pela análise da diversidade genética utilizando marcadores moleculares **(Lapitan *et al.*, 2007).** A avaliação preliminar da eficácia da análise ISSR para caraterizar o polimorfismo em espécies foi efectuada por **George *et al.* (2006).** Para selecionar variedades resilientes e altamente produtivas para estabelecer uma população viável, todos estes processos requerem algum nível de avaliação da diversidade **(Mondini *et al.*, 2009).**

De acordo com **Barcaccia *et al.* (2000),** um marcador molecular é um locus genómico que pode ser reconhecido por meio de uma sonda ou de um iniciador específico e que, em virtude da sua presença, distingue sem ambiguidade o traço cromossómico que denota, bem como as regiões flanqueadoras nas extremidades 3' e 5'. Os marcadores ajudam a identificar e a caraterizar determinados genótipos, uma vez que são traços hereditários a eles ligados.

Foi demonstrado que os SSR, ou microssatélites, são os marcadores genéticos mais poderosos e eficazes em biologia molecular. Estes marcadores evoluíram consideravelmente em termos de herança dominante, reprodutibilidade, abundância relativa, cobertura extensiva do genoma, posicionamento específico do cromossoma, capacidade de automatização, genotipagem de elevado rendimento e capacidade de corresponder a uma grande variedade de fenótipos **(Parida *et al.*, 2009).** Os SSR têm sido amplamente utilizados para descrever a diversidade genética no trigo e são atualmente preferidos para a análise da diversidade genética de uma caraterística de interesse **(El-Maghraby *et al.*, 2005).**

Os marcadores de microssatélites, como os Simple Sequence Repeats (SSR), são precisos e reprodutíveis entre estas técnicas de caraterização molecular. Uma vez que os marcadores SSR co-dominantes são fiáveis, baseados em PCR, altamente polimórficos e hipervariáveis, são amplamente utilizados para estudos de diversidade genética **(Prasanna *et al.*, 2012).**

Os microssatélites, também designados por repetições de sequências simples (SSR), consistem em repetições em tandem de pequenas sequências de ADN de 2-6 pares de bases (**Litt e Lutty, 1989**) e têm uma distribuição abundante e aleatória em todo o genoma. Podem ser facilmente automatizados para um rastreio de elevado rendimento, transferidos entre laboratórios e analisados através de um teste rápido, tecnicamente simples e pouco dispendioso baseado na PCR. Além disso, requerem uma pequena quantidade de ADN.

Os microssatélites podem ser encontrados nas regiões codificadoras e não codificadoras de proteínas do genoma. Os loci de microssatélites apresentam um extenso polimorfismo em termos de comprimento, pelo que são amplamente utilizados para a recolha de impressões digitais de ADN e estudos de diversidade em bactérias, fungos, plantas e seres humanos. Devido à reprodutibilidade, herança codominante, natureza multialélica, grande abundância e potencial de cobertura do genoma, os marcadores SSR são considerados em genómica comparativa, impressão digital genética e estudos evolutivos **(Kumar *et al.*, 2013;**

Singh *et al.*, 2014).

Pensa-se que a variação ou polimorfismo dos SSR é causada por deslizamento da polimerase durante a replicação do ADN ou por cruzamento desigual **(Levinson e Gutman, 1987)**. Devido às suas excelentes propriedades de codominância genética, elevada reprodutibilidade e variação multialélica, os marcadores SSR estão a ser amplamente utilizados como marcadores moleculares no melhoramento de culturas. São os marcadores mais úteis para a seleção assistida por marcadores, a identificação de variedades e a cartografia genómica. Os marcadores de repetição de sequência simples (SSR) são frequentemente utilizados para diferenciar espécies ou mesmo indivíduos, identificar a ascendência e revelar a identidade.

A presente investigação sobre "**Análise da diversidade genética de isolados *de Trichoderma* utilizando marcadores SSR**" tem os seguintes objectivos

- Recolha e isolamento de isolados de *Trichoderma* de amostras de solo de vários distritos de Uttar Pradesh
- Análise da diversidade genética de isolados *de Trichoderma* usando marcadores SSR

CAPÍTULO 2
REVISÃO DA LITERATURA

As espécies de *Trichoderma* encontram o seu lugar na história há mais de duzentos anos, tendo sido descritas por **Persoon** em 1974, que mais tarde foi considerado em quatro géneros. Embora os **irmãos Tulasne** tenham reconhecido *a* relação *do* género *Trichoderma* com teleomorfos em Hypocrea em 1865, a taxonomia do género permaneceu ambígua até às últimas décadas. Segundo **Bisby,** a espécie *T. viride* poderia ser responsável por toda a variabilidade morfológica. **Rifai** fez o primeiro esforço significativo para separar morfologicamente as espécies, ou "agregados de espécies", embora estivesse consciente de que os nove taxa que identificou não eram entidades biológicas associadas a uma única espécie teleomorfa.

Thakur e Norris (1928) isolaram *Trichoderma* dos solos de Madras. Posteriormente, foi registado em vários substratos e locais. A maioria das identificações baseou-se nos caracteres morfológicos. Foram publicados na Índia vários trabalhos sobre a eficiência de biocontrolo de *T harzianum*; *T. koningi, T. longibrachiatum, T. virens*, *T hamatum* e *T. viride.* Embora os nomes das espécies sejam mencionados nos trabalhos de investigação, continuam a ser utilizados nomes inválidos, o que deu origem a equívocos quanto à identificação das espécies.

Bisset (1991) elevou a agregação de espécies a um nível especial e reconheceu várias espécies dentro de cada uma das cinco secções do género *Trichoderma.*

Samuels (1996) *Trichoderma* é facilmente identificado em meios de cultura, produzindo um grande número de pequenos conídios verdes ou brancos a partir de fiálides presentes nos conidióforos profusamente ou escassamente ramificados. No entanto, a identificação dos isolados ao nível da espécie é difícil e confusa devido à complexidade e ao carácter estreitamente relacionado das espécies. O conceito de espécie dentro do *Trichoderma* é muito amplo, o que resultou no estabelecimento de muitos táxons específicos e subespecíficos **Schuster e Schmoll (2010)** As espécies de *Trichoderma* são ascomicetes de esporos verdes presentes em quase todos os tipos de solos temperados e tropicais. Podem ser frequentemente encontradas em material vegetal em decomposição e na rizosfera das plantas.

2.1. Isolamento de *Trichoderma* do solo

As espécies de *Trichoderma* são facilmente isoladas do solo por todos os métodos convencionais disponíveis, em grande parte devido ao seu rápido crescimento em condições versáteis. Devido à formação de clamidósporos e à colonização de substrato orgânico, *Trichoderma spp.* também é facilmente obtido por técnicas de lavagem do solo. Na madeira, *Trichoderma* pode ser frequentemente observado como colónias discretas das quais se pode conseguir o isolamento em cultura pura e do óleo com cuidado moderado. Para aumentar a recuperação, foram concebidos métodos selectivos por vários investigadores e cientistas.

Elad *et al.* (1981) desenvolveram um meio de ágar *seletivo* para *Trichoderma* (TSM) para isolamento quantitativo de *Trichoderma spp.* do solo. A seletividade no meio foi o pentacloronitrobenzeno, o p-dimetilamino-benzenediazo sulfonato de sódio e o rosa-bengala obtido usando o antibiótico cloranfenicol como inibidor bacteriano, como inibidores fúngicos selectivos. Todos os 15 isolados *de Trichoderma* testados formaram colónias e cresceram bem neste meio. Observaram uma correlação positiva entre *Trichoderma* adicionado ao solo e a contagem de colónias *de Trichoderma* em placas TSM. O meio seletivo também foi bem sucedido para a recuperação da população indígena de *Trichoderma* de solos naturais em combinação com um amostrador de pellets de solo.

Choudhay e Sen (1999) estudaram cinco isolados *de Trichoderma* (T2, T5, T8, T10 e T3) com as suas caraterísticas morfológicas usando microscopia de luz, e caraterísticas culturais em quatro meios semi-sólidos e microscopia eletrónica de varrimento (SEM). Os resultados obtidos tinham caraterísticas de diagnóstico suficientes para inferir que todos os isolados selecionados eram biótipos de *Trichoderma*.

Ghildiyal e Pandey (2008) isolaram três espécies de *Trichoderma*: *T harzianum, T. konengii* e *T. viride* das amostras de solo recolhidas em vários locais de altitudes mais elevadas (mais de 3000 m acima do nível médio das águas do mar) da região dos glaciares de Pindari, na região indiana dos Himalaias. Verificou-se que as espécies isoladas podiam crescer nestas regiões a uma temperatura de 9 a 35 °C e a um pH de 4 a 12 em placas de ágar, sendo a exigência óptima de 24 °C e 5,5 pH.

Azher *et al.* (2009) estudaram o crescimento micelial, a produção de conídios e a produção de biomassa de três espécies diferentes *de Trichoderma, T. harzianum, T. viride* e *T longibrachiatum*, que foram examinadas em cinco meios de cultura diferentes, incluindo ágar dextrose de batata (PDA), ágar de Capek e ágar de farinha de milho (CMA). Todos os meios testados tiveram um efeito significativo na taxa de crescimento e na população das três espécies de *Trichoderma*. O PDA foi o melhor meio em termos de crescimento, produção de esporos e rendimento de biomassa. *T. harzianum* superou os três em termos de crescimento micelial, produção de biomassa e produção de esporos.

Krishna *et al.* (2011) isolaram espécies de *Trichoderma* do solo da rizosfera de culturas de especiarias nas Ilhas Andaman e Nicobar, na Índia. Relataram que sete espécies diferentes de *Trichoderma* estavam presentes no ecossistema de ilhas tropicais húmidas, nomeadamente *T viride, T. harzianum, T. erinaceum, T. ovalisporum, T. brevicompactum e T asperellum,* e quatro espécies de *Trichoderma*, nomeadamente *T. erinaceum, T. ovalisporum. T brevicompactum* e *T. asperellum* não foram registados anteriormente na Índia, o que constituiu o primeiro registo destas espécies.

Mishra *et al.* (2011) isolaram isolados de *Trichoderma* a partir de amostras de solo recolhidas em diferentes localidades de Allahabad e áreas adjacentes. Foram isolados *Trichoderma spp.* utilizando um meio específico para *Trichoderma* e estas culturas foram identificadas como *T. viride* com base nos caracteres dos conidióforos, na forma dos fialídeos e na emergência de fialóforos

Muthu Kumar e Pratibha (2011) recolheram amostras de solo de campos experimentais do Instituto Indiano de Investigação Agrícola (IARI), Pusa e Nova Deli, tendo sido isolados e identificados doze isolados de *Trichoderma* em ágar dextrose de batata com baixo teor de açúcar. Pelos caracteres morfológicos, os isolados *de Trichoderma* foram confirmados como *T. harzianum* (os padrões da parede conidial e a forma dos conídios, que são ásperos e subglobosos) e T. viride (uma vez que os esporos eram lisos e globosos a obovóides).

Sreedevi *et al.* (2011) isolaram cinco isolados de *Trichoderma spp.* do solo da rizosfera de plantas saudáveis de amendoim através da técnica de diluição em série em meio específico *para Trichoderma* ($MgSO_4$ .7H_2 O-0.2 g. K HPO_{24} -0.9 g, KCl-0.15 g, NH_4 NO_3 - 3.0 g. glucose-3.0 g, agar-15 g, rosebengal-0.15 g, cloranfenicol-0.25 g, água destilada-1000 ml e pH-6.5). Todos os isolados *de Trichoderma* foram cultivados na presença de diferentes fontes de carbono. Das diferentes fontes de carbono testadas, a sacarose provou ser a melhor fonte de carbono, seguida pela glucose, celulose, amido e lactose. No entanto, observou-se um crescimento fraco em frutose, glicerol e pectina.

Joshi *et al.* (2012) isolaram *espécies de Trichoderma* de amostras de solo rizosférico de diferentes locais na região ocidental dos Himalaias. Destas amostras, foram isolados 62 isolados de *Trichoderma spp.* e registou-se a presença de apenas duas espécies, i.c., *T. harzianum* e *T. viride.*

Khandelwal *et al.* (2012) isolaram a espécie fúngica *Trichoderma viride* de amostras de solo em meio de ágar batata dextrose (PDA) pela técnica de diluição em tubos múltiplos (MTDT) e as placas foram incubadas a 26°C durante 4 dias.

Mukesh *et al.* (2012) recolheram amostras de solo da rizosfera de culturas de grão-de-bico, ervilha-de-angola e lentilha de diferentes locais de Uttar Pradesh, na Índia. A partir destas amostras, foram isolados oito isolados de *Trichoderma* em meio de ágar dextrose de batata seguindo a técnica de diluição em série e os isolados foram identificados até ao nível de espécie como *Trichoderma atroviride* com base em caracteres fenotípicos como a cor da colónia, o crescimento, a forma dos conidióforos, os fialídeos e os conídios.

Praveen *et al.* (2012) recolheram potenciais bioagentes indígenas de diferentes zonas agroclimáticas na Índia e isolaram 37 estirpes de *Trichoderma* no solo da rizosfera do tomate da quinta IIVR (Varanasi), da quinta IIHR (Bangalore), da quinta IARI (Rajendra nagar) e da quinta da APHU. Através de estudos de bioensaio in vitro seguindo a técnica de cultura dupla contra *F. oxysporum f.sp lycoperscisi*, concluiu-se que, entre os diferentes isolados testados, os isolados DPNST-4, DPNST-8 e DPNST-29 foram considerados os isolados *de Trichoderma* mais proeminentes.

Prameela *et al.* (2012) isolaram e identificaram vários isolados *de Trichoderma* como *T. virens* (11 isolados), *T. asperellum* (15), *T. harzianum* (14) e *T. longibrachiatum* (32) com base em caracteres culturais (cor da colónia, crescimento e textura) e caracteres microscópicos conidióforos - ramificação, disposição dos fiálides, cor, tamanho e forma dos conídios.

Nusrat *et al.* (2013) avaliaram o crescimento de *T. harzianum* em diferentes meios de cultura, nomeadamente, PDA, ágar dextrose de batata modificado, ágar-água, ágar-cenoura e CMA. O crescimento micelial linear, o peso fresco e o peso seco mais elevados foram encontrados em ágar batata dextrose e os mais baixos em ágar água.

Rahel *et al.* (2014) isolaram 54 isolados de *Trichoderma spp.* de campos de *Mentha arvensis L.* (hortelã japonesa) no Japão. Entre as espécies identificadas, *T. harzianum* foi a espécie dominante, seguida por *T. ovalisporum, T. crassum, T. dorothea, T. lacteum, T. stilbohypoxyli* e *T. taiwanense*, que foram novos registos na Índia. *T. tricatum, T ovalisporum* e *T. tomentosum* são novos registos no sul da Índia.

Devi e Sinha (2014) estudaram as caraterísticas culturais e anamórficas de *Trichoderma spp.* O crescimento de dez isolados de *Trichoderma* nos meios de cultura viz., PDA, TSM e OMA variou de 69,30 mm a 90,00 mm (em PDA), 53,30 mm a 74,00 mm (em TSM) e 69,30 mm a 90,00 mm (em OMA) dois dias após a inoculação. O crescimento radial médio em PDA foi mais alto (79,50mm) seguido por OMA (69,80mm) e TSM (62,00mm).

Sharma e Singh (2014) estudaram 32 isolados de *Trichoderma* e referiram que todos apresentavam um crescimento rápido e que a cor dos conídios mudava de branco para vários tons de verde. Por outro lado, os estudos morfológicos revelaram principalmente dois tipos de disposição dos conidióforos e observou-se a presença de fialide entre os 30 isolados.

Herath *et al.* (2015) caracterizaram *T. erinaceum* pela morfologia e relataram que o isolado cresceu rapidamente em ágar Czapek-Dox (CDA), formando uma colónia verde-algodão com anéis concêntricos. Os conidióforos eram erectos e surgiam de ramos laterais curtos. O tamanho dos conídios era de 2,5 ± 0,1 um e era verde globoso pálido com paredes lisas e ocorria em grupos.

Naher *et al.* (2015) estudaram o crescimento de *T. harzianum* T32 em três meios diferentes: PDA, MEA e PSA (Potato Sucrose Agar) e relataram que o isolado produziu esporos verdes em PDA, enquanto em MEA os esporos eram verde-claros ou verde-amarelados. A taxa de crescimento no início foi de 1-1,5 cm por dia nos três meios.

Meena e Meena (2016) estudaram as caraterísticas das colónias do isolado TH-8 em cinco meios de cultura e referiram que a margem das colónias nos meios testados era regular. A textura moderadamente compacta das colónias foi observada em PDA, enquanto a textura solta e inchada das colónias foi observada em ágar dextrose de batata modificado e meios CMA. O meio de ágar-água apresentava uma textura de colónia solta, enquanto que o meio de ágar-cenoura apresentava uma textura de colónia compacta. A espessura das hifas foi máxima no PDA, moderada no PDA modificado, no ágar-cenoura e no CMA, ao passo que foi muito fina no meio de ágar-água.

Mishra *et al.* (2016) estudaram a morfologia de *T. harzianum* e *T. viride* e registaram hifas septadas, ramificadas e hialinas em ambas as espécies. Os conidióforos eram altamente ramificados com um sistema de ramificação dendroide complicado e os seus ramos laterais eram longos e delgados sem alongamento hifal estéril. As fiálides não estavam aglomeradas, eram bastante delgadas e as colónias eram amareladas, brilhantes e opacas a verde-escuro. Os conídios de *T. harzianum* eram globosos a subglobosos, enquanto os de *T. viride* eram globosos e, em ambas as espécies, os conídios eram de cor verde clara. Os fiálides tinham forma de frasco em *T. harzianum* e os de *T. viride* também tinham forma de frasco, mas eram mais curtos do que os de *T. harzianum*.

Kale *et al.* (2018) recolheram dezasseis amostras de solo da rizosfera de tomate da região de Marathwada, Maharashtra, e cultivaram-nas em meio PDA. Usando a técnica de diluição em série, apenas oito amostras de solo da rizosfera tinham a população de *Trichoderma spp.* Eles relataram que *Trichoderma viride, Trichoderma harzianum. Trichoderma hamatum* estavam presentes na maioria das amostras de solo da região de Marathwada, em Maharashtra.

2.2. Isolamento do ADN dos isolados fúngicos

Nas últimas décadas, foram desenvolvidos e publicados numerosos procedimentos para o isolamento de ADN a partir de várias fontes de tecidos. Em geral, todos os métodos englobam a rutura e a lise do material inicial, seguidas da remoção de proteínas e outros contaminantes e, finalmente, a recuperação do ADN **(Doyle, 1996)**. Mas os protocolos mostram uma discrepância na qualidade e integridade do ácido nucleico isolado, que é o componente-chave que afecta diretamente os resultados de todas as investigações científicas subsequentes **(Cseke *et al.*, 2012)**

Os métodos tradicionais, como a extração com fenol/clorofórmio, continuam a ser utilizados devido à sua consistência na produção de ADN de alta qualidade **(Hillis *et al.*, 1996).** As proteínas, os lípidos, os hidratos de carbono e os resíduos celulares são removidos através da extração da fase aquosa com a mistura orgânica de fenol e clorofórmio **(Sambrook e Russel, 2001; Chomczynski e Sacchi, 2006).** O pellet de ADN recuperado no final é geralmente mantido dissolvido com tampão TE ou água destilada estéril **(Buckingham e Flaws, 2007).**

Muller *et al.* (1998) investigaram um novo e rápido método de isolamento de ADN utilizando a rutura celular a alta velocidade (HSCD), incorporando reagentes caotrópicos e matrizes de lise, em comparação com os protocolos padrão de extração com fenol-clorofórmio (PC) para o isolamento de ADN de três leveduras de importância médica (*Candida albicans, Cryptococcus neoformans* e *Trichosporon beigelii*) e dois fungos filamentosos *(Aspergillus fumigatus e Fusarium solani)* e *Saccharomyces cerevisiae, Pseudallescheria boydii* e *Rhizopus arrhizus*. Para todos os oito organismos, o procedimento de extração rápida resultou num bom rendimento, integridade e qualidade do ADN, tal como demonstrado pelo polimorfismo de comprimento de fragmentos de restrição, PCR e ADN polimórfico amplificado aleatoriamente.

Van Burik *et al.* (1998) estudaram seis métodos de extração de ADN utilizando hifas de *Aspergillus fumigatus* para determinar o procedimento de extração de ADN com o maior rendimento de ADN fúngico de alta qualidade e a menor predileção pela contaminação cruzada do equipamento entre espécimes, ou seja pulverização de pérolas de vidro com agitação em vórtice; trituração com almofariz e pilão seguida de pulverização de pérolas de vidro; pulverização de pérolas de vidro utilizando tampão de brometo de hidroxiacetiltrimetilamónio (CTAB) a 1% num sonicador de banho-maria; sonicação em banho-maria em tampão de CTAB; trituração seguida de incubação com CTAB; e lise enzimática de células por liase. Em seguida, os rendimentos de ADN genómico foram medidos por espetrofotometria e por leitura visual de géis de agarose a 2%, sendo o cisalhamento avaliado pela migração do ADN no gel. Os rendimentos de ADN genómico fúngico foram mais elevados com o método 1, seguido dos métodos 5=2>3=4~6. Os métodos 2 e 5, ambos envolvendo a trituração com almofariz e pilão, levaram ao cisalhamento do ADN genómico num de dois ensaios cada.

Cassago *et al.* (2002) descreveram um novo método que envolve o crescimento do micélio em discos de celofane sobrepostos em meio sólido e a utilização de pérolas de vidro para romper a parede celular. Relataram que as extracções efectuadas por este método forneceram aproximadamente 2 μg de ADN total por disco de celofane para o fungo filamentoso *Trichoderma reesei*. A qualidade do ADN foi avaliada utilizando a amplificação por PCR de um gene introduzido por transformação no genoma deste fungo (gene *hph*), com resultados positivos.

Vazquez-Angulo *et al.* (2012) desenvolveram um protocolo modificado de dodecil sulfato de sódio/fenol, sem esmagamento em azoto líquido e sem um passo final de precipitação em etanol. Relataram que os rácios de absorvância A (260/280) do ADN isolado eram de aproximadamente 1,7-1,9, demonstrando que a fração de ADN é pura e pode ser utilizada para análise; também os valores A (260/230) eram superiores a 1,6, demonstrando uma contaminação negligenciável por polissacáridos.

Raihan *et al.* (2016) descreveram um procedimento modificado baseado no método do brometo de cetil trimetilamónio (CTAB) para isolar o ADN de *Trichoderma spp.* O protocolo incluiu a utilização de 20% de CTAB, 1,4 M NaCl, 10% de polivinilpirrolidona (PVP), 5% de dodecil sulfato de sódio (SDS) e 70% de etanol. Durante a centrifugação, foi utilizado clorofórmio: álcool isoamílico (24:1) para separar e precipitar o ADN. Este método resolveu os problemas de degradação do ADN, contaminação e baixo rendimento. Os autores referiram que esta técnica era rápida e reprodutível.

Hima *et al.* (2016) descreveram um protocolo rápido, barato e reprodutível para o isolamento de ADN do fungo filamentoso *Trichoderma spp.* O protocolo baseou-se no método do dodecil sulfato de sódio sem utilizar β-mercaptoetanol e sem nitrogénio líquido para a maceração. A precipitação do ADN foi efectuada com isopropanol e etanol. O rácio de absorvância A260/280 do ADN isolado foi de 1,9, indicando que a fração de ADN era pura e podia ser utilizada para análises posteriores. O resultado da eletroforese do ADN em gel de agarose a 0,8% mostrou bandas nítidas e claras de ADN, indicando a boa qualidade do ADN. Deduziram que, uma vez que este protocolo produziu o ADN genético em qualidade e quantidade suficientes, pode ser utilizado para o isolamento bem sucedido de ADN de *Trichoderma spp.*

Inglis *et al.* (2018) investigaram a utilidade de uma etapa de pré-lavagem usando uma solução tamponada de sorbitol, antes da extração de DNA usando um protocolo de extração de CTAB com alto teor de sal. Essa pré-lavagem parece remover metabólitos interferentes, como polifenóis e polissacarídeos, dos macerados de tecidos. O ADN extraído das folhas e do câmbio de *Eucalyptus spp.*, bem como do micélio de *Trichoderma spp.* foi facilmente digerido com enzimas de restrição e teve um desempenho consistente nos ensaios AFLP. As extracções de ADN em grande escala também foram adequadas para sequenciação de leitura longa.

Kadu *et al.* (2019) otimizaram um método proficiente para extração de DNA de *Trichoderma spp.* sem usar nitrogênio líquido, CTAB ou lisozima. O método utiliza muito poucos compostos químicos. O método envolveu o esmagamento de micélios fúngicos em tampão de lise contendo SDS, incubação a 65°C, extração por clorofórmio, fenol e álcool isoamílico e, finalmente, precipitação de DNA por etanol frio. Os resultados revelaram um elevado rendimento de ADN que pode ser utilizado para fins de PCR.

2.3. Análise da diversidade genética dos isolados utilizando marcadores moleculares

Zimand *et al.* (1993) estudaram a diversidade e a distinção entre estirpes de *Trichoderma* utilizando o procedimento RAPD (ADN polimórfico amplificado aleatoriamente) utilizando 10 iniciadores de oligonucleótidos arbitrários. Dez estirpes identificadas como *T. harzianum* apresentaram padrões semelhantes. Entre as estirpes de *T. viride*, apenas três pares apresentaram padrões semelhantes. Enquanto nenhuma das estirpes *de T. hamatum* apresentou qualquer semelhança. O isolado T-39, utilizado comercialmente como agente de biocontrolo contra *Botrytis cinerea,* foi distinguível por este procedimento.

Muthumeenakshi *et al.* (1994) estudaram a diversidade genética em isolados de *Trichoderma harzianum* de composto de cogumelos utilizando várias técnicas moleculares. A análise do polimorfismo de comprimento de fragmentos de restrição (RFLP) do ADN ribossómico (rDNA) e do ADN mitocondrial (mtDNA) dividiu os 81 isolados em três grupos principais, 1, 2 e 3. Observaram que não havia variação dentro de um grupo no rDNA, enquanto que foi detectado um baixo grau de polimorfismo no mtDNA. A análise do ADN polimórfico amplificado ao acaso (RAPD) de 30 isolados escolhidos aleatoriamente, com seis iniciadores, confirmou os grupos RFLP. A determinação da sequência de nucleótidos do espaçador transcrito interno (ITS) 1 do rDNA revelou três tipos ITS distintos, 1,2 e 3, possuídos por isolados dos respectivos grupos 1,2 e 3. Com base nestes dados moleculares, os isolados do grupo 2, que são colonizadores agressivos do composto de cogumelos, puderam ser claramente distinguidos dos isolados pertencentes aos outros dois grupos

Schlick *et al.* (1994) estudaram a identificação de estirpes de *Trichoderma* e a deteção de impurezas de culturas utilizando a impressão digital por PCR. Selecionaram sete primers de oligonucleótidos para as matrizes RAPD que resultaram em 197 bandas para os catorze isolados de *Trichoderma*. Os dados foram centrados numa matriz binária e foi construída uma matriz de semelhança utilizando o índice de semelhança DICE (SD). A reação em cadeia do polimorfismo de comprimento de fragmentos de restrição (PCR), a análise da sequência de

ADN e a deteção de estirpes foram utilizadas para discriminar e detetar membros do género *Trichoderma.*

Fujimori e Okuda (1994) estudaram 74 estirpes de *Trichoderma* através de perfis RAPD e os resultados foram consistentes com os dados morfológicos, fisiológicos e ecológicos dessas estirpes.

Wuczkowski *et al.* (2003) isolaram e identificaram quarenta e seis estirpes de *Trichoderma* no parque nacional do rio Danúbio, em Viena, e investigaram a sua ocorrência e diversidade genética ao nível das espécies através da análise de caracteres morfológicos, da análise da sequência das suas regiões espaçadoras transcritas internas 1 e 2 (ITS1 e 2) do cluster rDNA e de um fragmento do gene do fator de alongamento da tradução 1α (tef1), e da análise RAPD. Vinte e uma estirpes foram identificadas positivamente como *T. harzianum*, treze como *T.* rossicum, quatro como *T.* cerinum, duas como *T. hamatum* e uma como *T. atroviride* e *T.* koningii; quatro estirpes produziram dois tipos diferentes de sequência ITS1 e 2, bem como tef1, que não eram compatíveis com nenhuma espécie conhecida. Os estudos mostram que eles representam dois novos táxons de *Trichoderma.*

Choi *et al.* (2003) analisaram os isolados de *Trichoderma spp.* recolhidos em leitos *de Pleurotus ostreatus* e *P. eryngii* através da análise RAPD para detetar a variabilidade entre três espécies diferentes de *Trichoderma*, utilizando dois iniciadores URP recentemente concebidos. No entanto, não foi possível detetar variações intra-específicas em todos os isolados, exceto no caso dos dados da sequência de rDNA que classificaram os isolados *de Trichoderma* em três grupos distintos, representando três espécies. Os perfis das sequências de rDNA dos isolados que representam uma espécie mostraram uma elevada semelhança em *T.* cf. *virens* e *T. harzianum*. No entanto, houve uma variação nas sequências de rDNA dos isolados que representam *T. longibrachiatum*.

Gopal *et al.* (2008) estudaram a variação genética entre 17 isolados de *Trichoderma* utilizando marcadores de ADN polimórfico amplificado ao acaso (RAPD). Caracterizaram esses isolados usando 20 primers aleatórios da série OPM, dos quais 16 primers deram um total de 145 fragmentos de DNA, mostrando 91,8% de polimorfismo. A distância genética entre cada isolado foi calculada e a análise de agrupamento foi utilizada para gerar um dendrograma mostrando a relação entre eles. Os isolados foram agrupados em dois clusters principais. A matriz de semelhança indicou que TCT6 e TCT13 eram geneticamente distintos, uma vez que apresentavam apenas 22,6% de semelhança, seguidos de TCT5 e TCT16; TCT6 e TCT16 (25%), enquanto os isolados TCT4 e TCT10 eram geneticamente semelhantes, uma vez que foi observada uma semelhança de 66,7% entre os isolados, seguida de 61,3% de semelhança entre os isolados TCT2 e TCT4.

Abou-Zeid *et al.* (2009) caracterizaram uma coleção de isolados *de Trichoderma,* obtidos de diferentes regiões geográficas no Egito, através de métodos moleculares. Utilizaram o procedimento RAPD (Random Amplified Polymorphic DNA) com 6 primers arbitrários para distinguir entre espécies de *Trichoderma.* O iniciador n.º 4 foi capaz de distinguir entre espécies de *Trichoderma.* Nove de *T. harzianum* foram caracterizados como exibidos num grupo, no entanto, um isolado do grupo de *T. harzianum* juntou-se ao grupo de *T. hamatum*, por outro lado, o grupo de *T. aureoviride* tem apenas dois isolados, entre os grupos de *T. viride*, *T. atroviride* e *T. strictipile* têm apenas um isolado para cada.

Chakraborty *et al.* (2010) estudaram dezanove isolados de *Trichoderma viride* e *Trichoderma harzianum* obtidos do solo da rizosfera de culturas de plantação, solo florestal e campos agrícolas da região de Bengala do Norte utilizando RAPD e ITS-PCR. Analisaram o parentesco genético entre onze isolados de *T. viride* e oito isolados de *T. harzianum* com seis iniciadores aleatórios. Os perfis RAPD mostraram diversidade genética entre os isolados com a formação de oito grupos. A análise do dendrograma revelou que o coeficiente de similaridade variou de 0,67 a 0,95. A ITS-PCR da região do rDNA com os primers ITS1 e ITS4 produziu produtos de 600 pb em todos os isolados.

Sharma ***et al.*** **(2010)** estimaram as variações genéticas de trinta isolados de *Trichoderma* morfologicamente caracterizados como *Trichoderma harzianum* e *T. virens* obtidos de solos rizosféricos de várias culturas de diferentes locais de Uttarakhand, Índia, utilizando marcadores RAPD. Os autores referiram que os isolados foram agrupados em dois grupos principais; o primeiro grupo principal era constituído pelos isolados PB10, 13, 23, 26, 27 e 28. Os restantes isolados do segundo grande agrupamento foram ainda separados em dois subagrupamentos: o primeiro subagrupamento era constituído pelos isolados PB5, 15 e 16 e o segundo subagrupamento era constituído pelos isolados PB 1-4, 6, 9, 11, 12, 14, 17-22, 24, 25, 29 e 30. A matriz de semelhança indicou que os isolados PB 8 e 21 eram geneticamente distintos, uma vez que apresentavam apenas 1% de semelhança, seguidos dos PB 11 e 21 (2%), enquanto os isolados PB 29 e 30 eram geneticamente mais próximos, com 61% de semelhança entre si, seguidos dos isolados PB 13 e 14, com 59% de semelhança.

Xia ***et al.*** **(2011)** investigaram a distribuição das várias espécies de *Trichoderma* endofítico e epifítico associadas a raízes de bananeira e compararam a sua estrutura genética por AFLP. Observaram três grupos específicos de *Trichoderma*, ou seja, T. *asperellum*, *T. virens* e *Hypocrea lixii,* A análise AFLP revelou índices de diversidade de Nei de 0,15 e 0,26 para *T.* asperellum e *T. virens* epifíticos, respetivamente, e 0,11 e 0,11 para *T.* asperellum e *T. virens* endofíticos, respetivamente. A diversidade genética dentro de *T. asperellum* e *T. virens* endofíticos foi menor do que dentro das epífitas. Isto sugere que *o Trichoderma* endofítico tem uma maior conservação genética e é compatível com os microambientes relativamente estáveis no interior das raízes.

Sagar ***et al.*** **(2011) determinaram** as variações genéticas entre isolados de *Trichoderma* recolhidos em diferentes locais do Bangladesh. Utilizaram um marcador de ADN polimórfico amplificado aleatório (RAPD) baseado em PCR com 3 iniciadores de decâmeros, que produziram 29 bandas marcáveis, das quais todas (100%) eram polimórficas. O coeficiente de diferenciação genética (Gst) foi de 1,0000, reflectindo a existência de um elevado nível de diversidade genética entre os isolados. O dendrograma UPGMA (Unweighted Pair Group Method of Arithmetic Means) construído a partir da distância genética de Nei (1972) produziu 2 grupos principais (16 isolados no grupo 1 e 19 isolados no grupo 2).

Parvin *et al.* (2011) estudaram trinta e cinco isolados de espécies de *Trichoderma* recolhidos em sete locais diferentes do Bangladesh para determinar os caracteres morfológicos e a variação molecular. Categorizaram os isolados em três grupos com base no hábito de crescimento e na consistência das colónias, em que a maioria das espécies tinha um crescimento rápido e uma aparência compacta. Utilizaram a técnica de ADN polimórfico amplificado aleatório (RAPD) com base em PCR com 3 iniciadores de decâmeros que produziram 36 bandas marcáveis, das quais todas (100%) eram polimórficas. Observaram que o coeficiente de diferenciação genética (Gst) era de 1,0000, reflectindo a existência de um elevado nível de diversidade genética entre os isolados. O dendrograma UPGMA (Unweighted Pair Group Method of Arithmetic Means) construído a partir da distância genética de Nei (1972) produziu 2 grupos principais (13 isolados no grupo 1 e 22 isolados no grupo 2). O resultado que indica a sua diversidade genética abriu uma nova possibilidade de utilizar os isolados de *Trichoderma* mais eficientes e em maior número na preparação de biopesticidas e na decomposição de resíduos urbanos.

Kumar e Sharma (2011) caracterizaram doze isolados de *Trichoderma harzianum* e *Trichoderma viride* utilizando o marcador ISSR. Selecionaram oito iniciadores ISSR que geraram 70 bandas ISSR e o tamanho dos produtos de amplificação variou entre 100 e 950 pb. A percentagem de polimorfismo variou de 40 a 86. O valor médio do coeficiente de similaridade de Jaccard do marcador ISSR foi de 0,76. O dendrograma separou os isolados em dois grandes grupos com semelhanças que variaram de 76 a 94 por cento. Todos os cinco isolados *de T. harzianum* se agruparam *num* único grupo com uma semelhança de cerca de

80%. O segundo grupo principal era constituído por isolados de *T. viride*. No entanto, estes isolados formaram dois subgrupos dentro dos grupos.

Gurumurthy *et al.* (2013) determinaram a diversidade e identificaram os isolados de Trichoderma utilizando a análise (RAPD) em agregação com placas de diluição em meio semi-seletivo para distinção e identificação. Relataram que foram obtidas impressões digitais distintas e reprodutíveis após a amplificação do ADN genómico purificado de *Trichoderma spp.* com primers aleatórios da série Operon (OPH). A quantidade de variação genética foi calculada com um conjunto de 20 primers RAPD. Na maioria dos casos, os fragmentos amplificados mostraram mais de 50% de polimorfismo.

Hernández *et al.* (2013) caracterizaram dez isolados de *Trichoderma spp.* e duas estirpes comerciais associadas à cultura do alho, utilizando RAPD e rDNA-ITS. Avaliaram a variabilidade genética através de técnicas de classificação e gestão a partir dos rácios de distância de Jaccard. Relataram que os resultados das análises de RAPD foram semelhantes aos realizados pelos marcadores rDNA-ITS. Verificou-se que os isolados pertencentes às espécies *T. harzianum, T. koningiopsis, T. atroviride, T. pseudokoninngii* e *T. longibrachiatum* foram agrupados em relação à diversidade genética sem uma relação clara em termos de origem geográfica. O intervalo de distância genética entre os diferentes isolados foi de 0,11-0,87 para RAPD e de 0,08-0,62 para rDNA-ITS. Os isolados Ar-01, Ar-02 e Ta-01 foram classificados juntamente com as estirpes comerciais e podem ser bons controladores e indutores de resistência em plantas de alho afectadas pela podridão branca.

Shahid *et al.* (2013) isolaram sete estirpes diferentes de *Trichoderma* de leguminosas infectadas com murchidão e testaram a sua atividade antagonista contra *Fusarium* (agente patogénico transmitido pelo solo), que é expressa como uma zona de inibição nas placas de cultura. As sete estirpes foram identificadas como *Trichoderma viride, T. harzianum, T. asperellum, T. koningii, T. atroviride, T. longibrachiatum* e *T. virens*. A variabilidade genética estudada revelou que foi obtida uma percentagem de polimorfismo em SSRs dentro das sete estirpes de espécies *de Trichoderma* que foi comparativamente mais elevada (>77%) do que com primers RAPD (~50%).

Shahid *et al.* (2013) avaliaram a bioeficiência de sete isolados *de Trichoderma* recolhidos em diferentes locais de Uttar Pradesh, determinando as suas variações genéticas. Utilizaram 6 primers de marcadores ISSR (Inter Simple Sequence Regions) baseados em PCR, que produziram 30 bandas marcáveis, das quais 27 eram polimórficas. O dendrograma UPGMA (Unweighted Pair Group Method of Arithmetic Means) construído a partir da distância genética de Nei produziu 2 grupos principais (1 isolado no grupo 1 e 6 isolados no grupo 2). O resultado que indica a sua diversidade genética abriu uma nova possibilidade de utilizar os isolados mais eficientes e mais numerosos de *Trichoderma* na preparação de biopesticidas eficazes.

Shahid *et al.* (2014) caracterizaram os isolados de *Trichoderma* recolhidos de rizosferas de culturas de grão-de-bico, feijão-frade e lentilhas de diferentes locais de Uttar Pradesh, Índia, utilizando a reação em cadeia da polimerase com microssatélite (MP-PCR) com seis iniciadores de microssatélite e análise da sequência de ADN ribossómico (rDNA) e combinaram estes resultados com caraterísticas morfológicas para classificação. Estudaram trinta isolados utilizando a repetição de sequência inter-simples (ISSR) e a reação em cadeia da polimerase com espaçador interno transcrito (ITS-PCR). Relataram que os perfis ISSR mostraram 83,7% de diversidade genética entre os isolados com a formação de quatro grupos, e a análise do dendrograma revelou que o coeficiente de similaridade variou de 0,27 a 0,95. A ITS-PCR da região do rDNA com os primers ITS1 e ITS4 produziu produtos de 600 pb em todos os isolados. O resultado apresentou os padrões de identificação dos isolados *de Trichoderma.*

Singh *et al.* (2014) estudaram três isolados de *Trichoderma atroviride* obtidos a partir de solo rizosférico de campos de lentilhas de diferentes regiões da UP para determinar o seu parentesco genético utilizando a análise RAPD. Os perfis RAPD revelaram diversidade genética entre os isolados e foram obtidas impressões digitais distintas e reprodutíveis por amplificação do ADN genómico purificado de *Trichoderma atroviride* com iniciadores aleatórios da série Operon (OPA). A quantidade de variação genética foi avaliada com um conjunto de 20 primers RAPD. Mais de 50% dos fragmentos amplificados em cada caso eram polimórficos. Concluíram que existia uma boa variabilidade genética entre os isolados recolhidos.

Skoneczny *et al.* (2015) analisaram a sequência das regiões 1 e 2 do espaçador interno transcrito (ITS1 e ITS2) do grupo de genes do RNA ribossómico (rRNA), um fragmento do gene do fator de alongamento da tradução 1-alfa (tef1) e marcadores de DNA polimórfico amplificado aleatoriamente (RAPD) para determinar a diversidade genética de estirpes *de Trichoderma atroviride* recolhidas na Polónia e identificar loci e marcadores moleculares baseados em PCR úteis na avaliação da variação genética. Os autores referiram que, embora a análise de tef1 e RAPD tenha revelado uma diversidade genética limitada entre as estirpes *de T. atroviride*, foi possível distinguir os principais grupos que agrupavam a maioria das estirpes analisadas. Os amplicons polimórficos de RAPD foram clonados e sequenciados, produzindo sequências que representam 13 loci *de T. atroviride.* Com base nestas sequências, foi desenvolvido e examinado um conjunto de marcadores baseados em PCR específicos de *T. atroviride.*

Al-Sadi *et al.* (2015) investigaram o nível de parentesco genético de espécies de *Trichoderma* de solo não cultivado em relação a solo cultivado e meios de envasamento. A análise AFLP dos 52 isolados *de Trichoderma* produziu 52 genótipos e 993 loci polimórficos. Foram encontrados níveis baixos a moderados de diversidade genética dentro das populações de espécies *de Trichoderma* (H = 0,0780 a 0,2208). A Análise de Variância Molecular indicou a presença de níveis muito baixos de diferenciação genética (Fst = 0,0002 a 0,0139) entre populações da mesma espécie de *Trichoderma* obtidas do meio de envasamento, do solo cultivado e do solo não cultivado.

Geistlinger *et al.* (2015) analisaram o projeto de sequência do genoma do fungo de biocontrolo *Trichoderma virens* para Repetições de Sequência Simples (SSRs) e desenvolveram primers para 12 loci distintos. Os primers foram avaliados utilizando uma coleção global de dez isolados, onde foi detectada uma média de 7,42 alelos por locus. A distância genética padrão de Nei variou de 0,18 a 0,27 entre os isolados, e a média geral da diversidade haploide na análise AMOVA foi de 0,693 ± 0,019.

Ghutukade *et al.* (2015) estudaram a caraterização molecular de isolados *de Trichoderma* por marcador ISSR, isolaram doze isolados pertencentes a *Trichoderma harzianum* e *Trichoderma viride e* avaliaram o seu efeito antagonista sobre *Fusarium oxysporum f.sp. lycopearsicie* e *Xanthomonas campestris pv. vesicatoria.* Os isolados *de Trichoderma harzianum* foram mais agressivos do que os isolados *de T. viride.* O conjunto de dados gerado através de caracteres morfológicos e marcadores ISSR mostrou um resultado comparável, agrupando os isolados de *T. viride* num grupo e todos os isolados *de T. harzianum* noutro grupo. Os autores referiram que a análise da diversidade genética tinha uma correlação positiva com a capacidade antagonista dos isolados *de Trichoderma.*

Rai *et al.* (2016) investigaram a ocorrência, abundância relativa e densidade relativa de SSRs em cinco espécies diferentes *de Trichoderma* antagonistas: *T. atroviride, T. harzianum, T. reesei, T. virens* e *T. asperellum*. Foram utilizados quinze loci SSRs para avaliar a diversidade genética de vinte isolados de *Trichoderma spp.* de diferentes regiões geográficas da Índia. Os resultados indicaram que a abundância relativa e a densidade relativa de SSRs eram mais elevadas em *T. asperellum*, seguidas de *T. reesei* e *T. atroviride.* Dos dezoito conjuntos de iniciadores, apenas 15 pares de iniciadores apresentaram uma amplificação bem sucedida em todas as espécies testadas. Foi detectado um total de 24 alelos e cinco loci foram altamente informativos, com valores de conteúdo de informação de polimorfismo superiores a 0,40; estes marcadores fornecem informações úteis sobre a diversidade genética e a estrutura genética da população.

Araji *et al.* (2016) caracterizaram e avaliaram o parentesco genético de oito isolados *de Trichoderma harzianum* usando a técnica baseada em PCR de DNA polimórfico amplificado aleatoriamente (RAPD). A amostra de DNA de cada isolado foi amplificada com 15 primers e os produtos foram resolvidos eletroforeticamente em gel de agarose a 1,2%, corados com brometo de etídio e fotografados sob UV. Seis iniciadores não conseguiram suportar a amplificação, enquanto os restantes nove iniciadores produziram um total de 128 bandas principais nos oito isolados. A análise de agrupamento baseada nas distâncias genéticas dividiu os oito isolados em dois grandes grupos de genótipos.

Al-Araji (2016) caracterizou e avaliou a relação genética de oito isolados *de Trichoderma harzianum* usando a técnica de DNA polimórfico amplificado aleatoriamente (RAPD) baseada em PCR com 15 primers. Nove dos quinze iniciadores produziram um total de 128 bandas principais (11-20 por iniciador) nos oito isolados. Destas bandas, 120 (9-19 por iniciador) eram polimórficas. A análise RAPD identificou seis dos oito isolados através de bandas únicas com um ou mais dos 9 iniciadores. A análise de agrupamento baseada nas distâncias genéticas dividiu os oito isolados em dois grandes grupos de genótipos.

Mahfooz *et al.* (2017) estudaram a ocorrência, abundância relativa e densidade de SSRs usando uma abordagem in silico e estudaram o polimorfismo usando 12 marcadores SSR polimórficos desenvolvidos em *Trichoderma atroviride*, *T. harzianum*, *T. reesei* e *T. virens*. A análise revelou que os parâmetros variaram e se correlacionaram positivamente com o conteúdo G + C dos seus genomas e não foram influenciados pelos tamanhos dos genomas. A frequência máxima de SSRs foi observada no genoma mais pequeno de *T. reesei* e a menor no segundo genoma mais pequeno de *T. atroviride*. Verificou-se que os marcadores SSR eram mais polimórficos em *T. atroviride*, com um valor médio de conteúdo de informação de polimorfismo de 0,745 em comparação com *T. harzianum* (0,615).

Shahbazi *et al.* (2017) estudaram os efeitos da irradiação na diversidade genética em isolados mutantes de *Trichoderma spp.* Foi utilizado o RAPD (marcador molecular). Os dados fenotípicos mostraram que os efeitos da irradiação gama no crescimento micelial, cor e forma da colónia e reprodução de esporos em *Trichoderma*. Entre os 10 iniciadores RAPD registados, foram escolhidos cinco iniciadores RAPD (OPA 09, OPA10, OPA11, OPA14 e OPA 16), uma vez que estes iniciadores amplificaram diferentes padrões de bandas e agruparam de forma distinta os mutantes de *T. viride* e *T. harzianum spp.* Os resultados do marcador RAPD com 84% de semelhança dividiram o mutante *T. viride* em 12, 16, 14, 20 e 19 grupos, respetivamente. O dendrograma construído pelo método UPGMA com base no coeficiente de similaridade de Jaccard a um nível de similaridade de 84% dividiu os isolados mutantes *de T. harzianum* em três grupos.

Rani *et al.* (2017) estudaram a variação genética entre 9 isolados de *Trichoderma* usando marcadores RAPD. Eles caracterizaram esses isolados usando 15 primers aleatórios das séries OPA e OPM, dos quais 9 primers deram uma banda reprodutível e escorregável com alta porcentagem de polimorfismo. 15 primers selecionados deram um total de 207 produtos de amplificação, dos quais 196 eram polimórficos, O polimorfismo máximo (100%) foi observado na reação de PCR com OPA 01, CPA-03, OPA-05, OPA-09, OPA-10, OPM-04 e OPM-20 com tamanho entre 25 pb e 2500 pb A distância genética entre cada isolado foi calculada e a análise de agrupamentos foi utilizada para gerar um dendrograma que mostra a relação entre eles.

Mahfooz *et al.* (2017) analisaram a frequência de SSRs no genoma completo e nos transcritos de dois *Aspergillus* fitopatogénicos (*Aspergillus niger e Aspergillus terreus*) e compararam-nos com dois *Aspergillus* não patogénicos (*Aspergillus nidulans* e *Aspergillus oryzae)*. Para analisar a diversidade presente nos isolados indianos de *Aspergillus*, foram concebidos com êxito primers para 692 motivos em *A. niger* e *A. terreus*, dos quais 20 foram selecionados para análise da diversidade. Entre todos os marcadores amplificados, 10 marcadores (83,3%) eram polimórficos, enquanto os restantes dois marcadores (16,6%) eram monomórficos. Dez marcadores polimórficos adquiridos nesta investigação mostraram a utilidade de marcadores SSR recentemente criados na avaliação da diversidade genética entre vários isolados de *Aspergillus.*

Hirpara *et al.* (2017) examinaram 11 isolados de *Trichoderma* quanto ao antagonismo aos 6 e 12 dias após a inoculação. No total, 18 polimorfismos de repetição de sequência simples (SSR) foram relatados para amplificar 202 alelos em 11 isolados *de Trichoderma.* O conteúdo médio de informação de polimorfismo para marcadores SSR foi de 0,80. Identificaram o melhor antagonista como Tvs 1 com 7 alelos SSR únicos amplificados por 5 marcadores SSR. Os padrões de agrupamento de 11 estirpes *de Trichoderma* mostraram que o melhor antagonista, *T. virens* NBAII Tvs 12, se encontrava fora do grupo com um mínimo de 3% de semelhança com o resto dos *Trichoderma.*

Pandya *et al.* (2017) estudaram a diversidade genética entre seis isolados nativos de *Trichoderma spp.* através do sistema de marcadores RAPD (Random Amplified Polymorphic DNA). Com base no dendograma UPGMA, apenas dois agrupamentos foram formados, um consistindo nas duas cepas de *T. fasciculatum* (TFC-1 e TFC-2), *T. viride* (TVS-1 e TVS-2) e *T. harzianum* (THCh-1), enquanto *T. atroviride* (TACh-1) formou o segundo agrupamento. Os resultados da experiência indicaram que todos os isolados eram moderadamente (mais ou menos) semelhantes entre si a nível molecular, utilizando a análise RAPD.

Kaushal *et al.* (2018) estudaram a diversidade de espécies de *Trichoderma* numa base molecular utilizando doze primers aleatórios diferentes, nomeadamente, OPA-01, OPA02,

OPA03, OPA-04, OPA-05, OPA06, OPA07, OPA08, OPA09, OPA-10, OPA12 e OPA-13 para gerar polimorfismo entre os isolados selecionados aleatoriamente. Selecionaram aleatoriamente três primers, nomeadamente OPA04, OPA05 e OPA10, para amplificar com todos os sete isolados. Observaram que os isolados *de Trichoderma* diferiam no seu comportamento morfológico, enquanto na base molecular se observava um polimorfismo máximo nos isolados selecionados aleatoriamente. Todas as bandas observadas eram de natureza polimórfica, indicando a diversidade genética entre *Trichoderma spp.*

Carvalho *et al.* (2018) caracterizaram 41 isolados de *Trichoderma* de solos de lavouras convencionais de algodão por meio de caraterísticas morfológicas, culturais e polimorfismo, utilizando marcadores RAPD. Observaram que o grupo mais comum compreendeu 80,6% dos isolados e foi identificado como uma cepa de *Trichoderma harzianum*. As outras espécies foram *T. aureoviride* (7,3%), *T. viride* (7,3%) e *T. crassum* (4,8%). As quatro espécies eram morfologicamente distintas nas caraterísticas avaliadas, tais como o aspeto das colónias e a taxa de crescimento do micélio após serem cultivadas em meios de ágar de extrato de malte (MEA), ágar de dextrose de batata (PDA) e ágar de aveia (OA), e também na forma dos conídios, fiálides e conidióforos. As quatro espécies foram separadas num dendograma, após a utilização de marcadores RAPD. Além disso, RAPD foi eficiente em demonstrar a alta variação genética intraespecífica entre isolados de duas espécies (*T. harzianum* e *T. aureoviride*).

Navyashree *et al.* (2018) examinaram a diversidade genética entre vinte e cinco isolados de *Trichoderma harzianum* e *Trichoderma viride* obtidos do solo da rizosfera de açafrão e gengibre recolhidos nos distritos de Belagavi e Bagalkot de Karnataka e oito isolados potenciais com base na atividade antagonista utilizando RAPD PCR. Analisaram a relação genética entre os isolados utilizando cinco iniciadores aleatórios. Os perfis RAPD revelaram uma diversidade genética entre os isolados, com a formação de dois grupos principais, e a variabilidade molecular entre os potenciais isolados revelou 81 bandas amplificadas, das quais 77 eram polimórficas e 4 eram monomórficas. A análise do dendrograma revelou que o coeficiente de semelhança variava entre 0,15 e 0,95.

Deshmukh ***et al.*** **(2018)** estudaram a variabilidade molecular da cultura-mãe *de Trichoderma* e dos seus mutantes utilizando ADN polimórfico amplificado aleatório (RAPD). Foram testados 20 primers RAPD da série OPA, dos quais 14 primers produziram 72 bandas marcáveis, entre as quais 52 bandas eram polimórficas e o nível de polimorfismo era de até 72%. Com base no dendrograma, as culturas testadas foram claramente divididas em 2 grupos. O primeiro grupo, ou seja, o grupo A, incluía 4 mutantes TvM-5, TvM-3, TvM-1, TvM-2 e a cultura-mãe TvMC. O segundo grupo, ou seja, o grupo B, incluiu apenas um mutante, ou seja, TvPM-4. No ISSR foram testados 6 iniciadores, dos quais 6 iniciadores produziram 32 bandas marcáveis, entre as quais 27 bandas eram polimórficas e o nível de polimorfismo foi de até 84%. Foram observados dois agrupamentos no dendrograma, ou seja, o agrupamento A inclui quatro mutantes TvM-5, TvM-3, TvM-1, TvM-2 e a cultura-mãe TvMC e o agrupamento B contém apenas um mutante, ou seja, TvPM-4.

Rai ***et al.*** **(2019)** compararam microssatélites de três espécies *de Trichoderma* taxonomicamente diferentes, *T. asperellum, T. citrinoviride e T. longibrachiatum.* Os resultados destacaram a abundância e a diversidade de padrões de microssatélites em todos os genomas testados. A maior abundância relativa (283,6) com uma densidade relativa (3424,7) de SSRs foi identificada nos três conjuntos de sequências de *T. citrinoviride.* Dos 31 conjuntos de iniciadores, apenas 18 pares de iniciadores indicaram uma amplificação bem sucedida em todas as espécies testadas. Foi detectado um total de 34 alelos e 7 loci têm valores de conteúdo de informação de polimorfismo (PIC) superiores a 0,40. No exame de espécies cruzadas, de 31 marcadores, a amplificação de 5 deles estava nas regiões microssatélites correspondentes de 18 isolados diferentes de *Trichoderma* e mostrou um padrão de bandas monomórfico. O locus de microssatélite ThSSR3 foi altamente específico para *Trichoderma*, uma vez que a amplificação não foi detectada em outros 29 taxa intimamente relacionados.

Hassan *et al.* (2019) desenvolveram marcadores específicos de espécies para detetar *Trichoderma koningiopsis* e *T. longibrachiatum* e realizaram a técnica de região amplificada caracterizada por sequência usando 20 primers de reação em cadeia da polimerase de repetição de sequência simples. Foram identificados com êxito os dois marcadores específicos para amplificar uma única banda única consistente com *T. koningiopsis* e *T. longibrachiatum*. Estes fragmentos não tinham qualquer homologia de sequência significativa com sequências conhecidas disponíveis nas bases de dados do National Center for Biotechnology Information e TrichOKEY.

Meshu *et al.* (2019) estudaram a variabilidade molecular de espécies de *Trichoderma* isoladas de produtos comerciais usando 19 primers RAPD da série A, dos quais 15 primers produzem 127 bandas marcantes, entre elas o polimorfismo. 121 bandas foram polimórficas e mostram 95,27%.

Hewedy *et al.* (2020) avaliaram a variabilidade genética das estirpes *de Trichoderma* isoladas de cinco regiões egípcias utilizando repetições de sequência simples (SSR) e marcadores de ADN polimórfico amplificado aleatoriamente (RAPD). Identificaram as estirpes com base na sequenciação do fator de alongamento da tradução-1α (TEF1) como quatro espécies diferentes *de Trichoderma*: *Trichoderma asperellum, Trichoderma harzianum*, *Trichoderma viride* e *Trichoderma longibrachiatum.* Os resultados revelaram que das 45 bandas amplificadas por RAPD, 36 bandas (80%) eram polimórficas e das 36 bandas amplificadas por SSRs, 31 bandas (86,11%) eram polimórficas.

Mazrou *et al.* (2020) examinaram 12 Trichoderma/Hypocrea isolados da rizosfera de plantas de tomate saudáveis na região de Abha, na Arábia Saudita. Estes isolados foram identificados por técnicas morfológicas e moleculares, como a sequenciação da região 5.8S-

ITS. Além disso, com base na taxonomia e filogenia destes isolados, as semelhanças genéticas baseadas nos marcadores Intersimple Sequence Repeat-PCR separaram os 12 isolados *de Trichoderma* em 2 grupos principais.

Hewedy *et al.* (2020) estudaram a diversidade genética de 15 isolados *de Trichoderma* recolhidos em vários locais do Egito e identificaram as espécies através da sequenciação de espaçadores transcritos internos, que revelou quatro espécies diferentes *de Trichoderma*: *Trichoderma harzianum*, *Trichoderma* asperellum, *Trichoderma longibrachiatum* e *Trichoderma viride*. Investigaram a diversidade genética dos isolados *de Trichoderma* com base em marcadores ISSR e SCoT. Os primers SCoT geraram um total de 28 bandas, das quais 14 (50%) eram polimórficas. Os primers ISSR produziram 32 bandas, das quais 11 (34,37%) eram polimórficas.

Singh *et al.* (2020) estudaram a variabilidade morfológica e molecular entre diferentes isolados *de Trichoderma* utilizando treze primers RAPD, entre os quais seis primers produziram produtos de amplificação consistentemente fortes e um padrão de bandas polimórfico. Os seis primers RAPD selecionados amplificaram um total de 26 loci. O tamanho da banda dos fragmentos amplificados variou entre 100 e 220 pb. Das 26 bandas, 8 eram monomórficas (30,7%) e as restantes 18 eram polimórficas (69,2%).

Nandini et al. (2021) examinaram a variabilidade genética e o padrão de distribuição de *Trichoderma spp.* benéficos isolados de amostras da rizosfera e o seu modo de ação na melhoria da saúde das plantas. Isolaram um total de 131 fungos suspeitos do solo rizosférico e 91 isolados foram confirmados como *Trichoderma spp. T. asperellum* e *T. harzianum* foram encontrados em alta frequência de ocorrência. A análise da diversidade genética utilizando RAPD e ISSR revelou o padrão de distribuição diversificado de *Trichoderma spp.* indicando a sua capacidade de adaptação a condições agroclimáticas alargadas. Os autores referiram que a análise da diversidade genética utilizando marcadores moleculares revelou uma diversidade intra-específica de *Trichoderma spp.* isoladas.

Maheshwary et al. (2022) caracterizaram isolados *de Trichoderma* nativos com base em marcadores morfológicos e moleculares e identificaram a sua eficiência antagonista contra agentes patogénicos transmitidos pelo solo e para eles. Isolaram vinte e nove culturas *de Trichoderma* da agro-horticultura e da rizosfera de árvores florestais. Estes isolados foram identificados como *T. asperellum*, *T. aureoviride* e *T. virens* com base nas sequências ITS. Para estudar a diversidade, foram utilizados doze primers SSR e o coeficiente de similaridade de Jaccard foi estimado para construir uma matriz de similaridade genética.

CAPÍTULO *3*
MATERIAIS E MÉTODOS

O presente estudo intitulado "Análise da diversidade genética de isolados *de Trichoderma* utilizando marcadores SSR" foi efectuado no Departamento de Biotecnologia Agrícola, Faculdade de Agricultura, Universidade de Agricultura e Tecnologia Sardar Vallabhbhai Patel, Meerut, (U.P). Os pormenores relativos aos materiais utilizados e aos procedimentos adoptados na experimentação são descritos nas rubricas seguintes.

3.1 Produtos químicos, material de vidro e equipamento utilizado

No decurso do inquérito, foram utilizados vidros Borosil, papel mata-borrão de qualidade normal e produtos químicos de qualidade normal (Qualigens fine chemicals, HiMedia laboratories, GeNei laboratories, etc.). Todos os materiais de vidro, produtos químicos e outros requisitos foram adquiridos no Departamento de Biotecnologia Agrícola, Faculdade de Agricultura, SVPUAT. O álcool etílico, a formalina e outros produtos químicos foram fornecidos por diferentes fabricantes e alguns dos produtos químicos foram adquiridos no Departamento de Biotecnologia Agrícola da Faculdade de Agricultura.

Tabela 3.1. Lista de produtos químicos, material de vidro e equipamento

Produtos químicos	**Artigos de vidro e equipamento**
Mistura principal de PCR GeNei	Placa de Petri
Agarose	Copo
Taq Polimerase (Thermo scientific)	Cilindro de medição
Etanol (grau molecular absoluto)	Balão cónico
Base Tris	Funis
Etanol	Micropipeta

Álcool isopropílico	Tubos de ensaio
Água sem nuclease	Folha de alumínio
Tiras de pH	Rolo de papel de seda
Azoto líquido	Luvas de nitrilo (tamanho médio)
Primários	Papel de filtro Whattman n.º 1
Bases nucleotídicas	Tubos de microcentrifugação de 2,0 ml
RNase A	Pontas de 10 μl, sem RNase
dNTP	Pontas de 1000 μl, sem RNase
$MgCl_2$	Tubos PCR de parede fina de 200 μl
Sulfato de estreptomicina	Algodão
Metanol	Almofariz e pilão

3.2. Instrumentos utilizados

Os instrumentos e/ou materiais utilizados no presente inquérito foram os seguintes

1. Autoclave para esterilização de meios
2. Incubadora de CBO para incubação
3. Forno de ar quente para esterilização de material de vidro
4. Fórceps, agulhas, lâminas, agulha de inoculação
5. Fluxo de ar laminar para isolamento e purificação
6. Lâmpada de espírito
7. Balança eletrónica de pesagem
8. Frigorífico
9. Termómetro
10. Transiluminador UV

11. Centrífuga de arrefecimento

12. Banho de água

13. Termociclador

14. Unidade de eletroforese em gel

15. Sistema de documentação em gel

16. Vórtice

17. Medidor de pH

18. Forno micro-ondas

3.3. Limpeza e esterilização dos materiais

Antes de serem utilizadas, as peças de vidro foram limpas com detergente em pó e lavadas com água da torneira ou destilada, de acordo com os requisitos da experiência. Os artigos de vidro secos ao ar foram esterilizados num forno de ar quente a 160°C durante 2 horas. A esterilização das pinças, da agulha de inoculação e de outros instrumentos metálicos foi efectuada por esterilização por chama, mergulhando-os em álcool etílico e aquecendo-os sobre a chama de uma lamparina antes de os utilizar. O meio, a água destilada e certas soluções químicas utilizadas foram esterilizadas em autoclave a 15 psi e a 121,6°C durante 15 minutos.

3.4. Esterilização do fluxo de ar laminar

Antes do dia da inoculação, a câmara de fluxo de ar laminar foi saturada com vapores de álcool. Aquando da inoculação, a câmara de fluxo de ar laminar foi limpa com álcool a 70% ou com aguardente geral. Depois, apenas os instrumentos necessários foram mantidos na câmara e expostos aos raios UV durante 15-20 minutos. Todas as operações, nomeadamente a transferência, a inoculação, etc., foram efectuadas com uma chama de queimador de gás.

3.5. Meios de cultura

Os seguintes meios foram utilizados durante os estudos laboratoriais sobre

Trichoderma spp.

3.5.1. Meio seletivo *de Trichoderma*

O TSM (meio seletivo *de Trichoderma*) é composto por 0,2 g de $MgSO_4 .7H_2 O$, 0,9 g de K HPO_{24} , 0,15 g de KCl, 1,0 g de $NH_4 NO_3$, 3 g de dextrose, 0,25 g de cloranfenicol, 0,15 g de rosa bengala, 20 g de ágar, 1000 ml de água destilada. Exceto o fungicida e o Rosa Bengala, todos os componentes foram misturados e fervidos. Todos os componentes foram misturados durante a preparação das placas de cultura para a inoculação. O meio foi preparado e autoclavado a 15 psi a 121°C durante 15 minutos antes de ser utilizado.

Quadro 3.2: Composição do meio seletivo *de Trichoderma* (TSM)

Composição	Quantidade
Sulfato de magnésio	0.2 g
Hidrogénio fosfato dipotássico	0.9 g
Cloreto de potássio	0.15 g
Rosa de Bengala	0.15 g
Nitrato de amónio	1 g
Dextrose	3 g
Ágar	20 g
Água destilada	1000 ml

3.5.2. Ágar dextrose de batata

Batatas descascadas finamente picadas na quantidade prescrita foram fervidas em 500 ml de água destilada durante 30 minutos e coadas através de um pano de musselina. Em seguida, adicionaram-se 500 ml de água a ferver a uma mistura de 20 g de dextrose e 20 g de ágar-ágar. A mistura em ebulição foi então completada com extrato de batata, que foi devidamente agitado com uma vareta de vidro. Após alguns minutos de ebulição, a mistura foi transferida para frascos com capacidades de 500 ml e 200 ml cada, tendo as aberturas sido seladas com algodão não absorvente. O pH do meio foi ajustado para 7,0 ± 0,2, e foi autoclavado a 15 psi a 121,0°C durante 15 minutos. Antes do plaqueamento em placas de Petri, adicionou-se estreptomicina (2,5 mg/l) ao meio e agitou-se suavemente enquanto o meio ainda estava morno para uma mistura uniforme.

Tabela no. 3.3: Composição do Ágar Dextrose de Batata (PDA)

Composição	Quantidade
Batata (descascada e cortada às rodelas)	200 g
Dextrose	20 g
Ágar-ágar	20 g
Água destilada	1000 ml

3.5.3. Caldo de dextrose de batata

A quantidade especificada de batata foi descascada e cortada no número necessário de pequenos pedaços. Foi fervida durante 30 minutos em 500 ml de água destilada e depois filtrada num tecido de musselina. O passo seguinte foi dissolver 20 g de dextrose em 500 ml de água quente. A mistura em ebulição foi então completada com extrato de batata, que foi devidamente agitado com uma vareta de vidro. Após alguns minutos de ebulição, a mistura foi transferida para frascos com capacidades de 500 ml e 200 ml cada, tendo as aberturas sido seladas com algodão não absorvente. O pH do meio foi ajustado para 7,0 ± 0,2, e foi autoclavado a 15 psi a 121,0°C durante 15 minutos.

Tabela no. 3.4: Composição do caldo de dextrose de batata (PDB)

Composição	Quantidade

Batata (descascada e cortada às rodelas)	200 g
Dextrose	20 g
Água destilada	1000 ml

3.6. Recolha de amostras de solo

As amostras de solo rizosférico foram recolhidas em campos agrícolas de diferentes locais em Uttar Pradesh. As amostras de solo recolhidas foram armazenadas no frigorífico a 4°C até à sua posterior utilização. Os pormenores das amostras de solo recolhidas são apresentados no quadro 3.5.

Tabela 3.5: Origem das amostras de solo recolhidas para isolamento de *Trichoderma*

SN	Localização	Cultura	Código	Ano
1.	Varanasi	Trigo	TBT-01	2022
2.	Varanasi	Mostarda	TBT-02	2022
3.	Muzaffarnagar	Mostarda	TBT-03	2022
4.	Muzaffarnagar	Trigo	TBT-04	2022
5.	Bália	Tomate	TBT-05	2022
6.	Bália	Hibisco	TBT-06	2022
7.	Hapur	Batata	TBT-07	2022
8.	Ghazipur	Ervilha	TBT-08	2022
9.	Prayagraj	Mostarda	TBT-09	2022
10.	Shahjahanpur	Berseem	TBT-10	2022
11.	Hastinapur	Mostarda	TBT- 11	2022
12.	Hastinapur	Trigo	TBT- 12	2022

13.	Bijnor	Tomate	TBT- 13	2022
14.	Bijnor	Cana-de-açúcar	TBT- 14	2022

3.7. Diluição em série da amostra de solo e inoculação para isolamento de *Trichoderma spp.*

Foi pesado um grama de solo e transferido para um tubo de ensaio com 9 ml de água destilada esterilizada. Agitou-se bem e deixou-se repousar sem perturbações durante algum tempo. A diluição é, portanto, de 10^{-1}. Encher um tubo de ensaio com 9,0 ml de água destilada e 1,0 ml da suspensão e agitar vigorosamente a mistura. Preparar desta forma diluições repetidas até uma diluição de 10^{-5}. A placa TSM é espalhada com um ml desta diluição de 10^{-5}. Estas placas foram incubadas a 27°C numa incubadora. O crescimento das colónias nas placas foi verificado por rotina. As colónias foram selecionadas das placas TSM e transferidas para placas PDA após 3 dias de incubação. Estas colónias isoladas foram então subcultivadas a fim de serem purificadas para o isolamento dos isolados *de Trichoderma.*

3.8. Subcultura de *Trichoderma spp.*

Inoculando as placas com uma pequena quantidade de micélio fúngico das placas cultivadas, foi efectuada uma subcultura no meio PDA. Estas placas de Petri foram incubadas durante sete dias a 27°C, enquanto eram verificadas regularmente quanto ao crescimento de colónias *de Trichoderma spp.* Com base na ramificação dos conidióforos, na forma dos fialídeos, no aspeto dos fialídeos e nas caraterísticas dos esporos, foram reconhecidas as colónias de cor verde de *Trichoderma.*

3.9. Crescimento radial

Todos os isolados *de Trichoderma* foram inoculados no centro de placas de PDA de 85 mm para medir a taxa de crescimento radial. Foram utilizados discos miceliais de 5 mm como inóculo, que foram obtidos a partir dos bordos das colónias desenvolvidas em placas de PDA. As placas foram incubadas a 27°C, e após 1 dia, 2 dias, 3 dias, 4 dias e 5 dias de inoculação, o crescimento radial foi medido (em mm).

3.10. Inoculação de meios líquidos

A cultura foi inoculada com uma cultura de fungos com cinco dias de idade. Utilizou-se uma broca de cortiça metálica de 5 mm, esterilizada, para extrair discos miceliais de 5 mm de diâmetro das margens das colónias. Cada frasco de caldo de dextrose de batata foi inoculado com um conjunto de 2 destes discos, utilizando uma agulha de inoculação esterilizada. Os frascos inoculados foram incubados durante 5 dias a 24 ± 2ºC numa estufa.

3.11. Caracterização molecular

3.11.1. Extração de ADN genómico

O isolamento de ADN genómico fúngico de elevado peso molecular é um pré-requisito para a análise molecular. Para o isolamento do ADN, foi utilizado o procedimento CTAB (brometo de cetil trimetil amónio) **(Doyle *et al.*, 1987)** com algumas modificações. O CTAB é um detergente catiónico que solubiliza as membranas e forma um complexo com o ADN. Após rutura celular e incubação com tampão de isolamento CTAB quente, as proteínas foram extraídas por clorofórmio: álcool isoamílico. O CTAB-DNA foi precipitado com iso-propanol. O sedimento de ADN resultante da centrifugação foi lavado, seco e novamente dissolvido.

3.11.2. Preparação da solução-mãe

i. Tris HCl [1M] (pH 8,0) 100ml

Dissolveram-se 15,76g de tris HCl em água (80ml). Com HCl 0,1N, o pH foi aumentado para 8,0 e foram preparados 10ml da solução. A solução foi autoclavada e armazenada à temperatura ambiente.

ii. EDTA [0,5M] (pH 8,0) 100 ml

18,6 g de sal dissódico do ácido etilenodiaminotetraacético (EDTA) foram dissolvidos em 80 ml de água destilada e o pH foi ajustado para 8,0 com a adição de NaOH 0,1 N, agitando-se firmemente num agitador magnético para garantir a dissolução de todos os solutos (o $EDTANa_2$ não se dissolve completamente em água destilada na ausência de NaOH). A solução resultante, mantida a 100 ml, foi autoclavada e mantida à temperatura ambiente.

iii. NaCl [5M] 100ml

Dissolveu-se NaCl (29,22 g) em 50 mililitros de água destilada para perfazer 100 mililitros, autoclavou-se e armazenou-se à temperatura ambiente.

iv. Tampão de extração CTAB (100 ml)

Para preparar 100 ml de tampão de extração, adicionar 2,0 g de CTAB, 28 ml de NaCl (da solução de reserva), 10 ml de Tris HCl (da solução de reserva), 4 ml de EDTA (da solução de reserva), 1 g de PVP (imediatamente antes da utilização) e 2 ml de β-Mercaptoehenol (imediatamente antes da utilização), ajustar o pH para 8,0 e aumentar o volume para 100 ml. Foi preparado um tampão de extração CTAB com uma concentração final de CTAB 2,0%, NaCl 1,4 mM, tampão Tris 100 mM, EDTA 20 mM, β-Mercaptoehenol 2%. A solução resultante foi autoclavada e armazenada à temperatura ambiente.

v. Tampão TE (pH 8,0) 100ml

1 ml de Tris HCl (1M) e 0,2 ml de EDTA (0,5M) foram adicionados a 98,8 ml de água bidestilada a partir da solução de reserva e foi preparada a concentração final de 0,05M e 0,01M, respetivamente.

vi. Clorofórmio: Álcool isoamílico

O clorofórmio e o álcool isoamílico foram misturados na proporção de 24:1 e armazenados num frasco âmbar. O vapor do álcool isoamílico é venenoso, pelo que se deve ter cuidado ao utilizá-lo.

vii. RNase A (10mg/ml)

Dissolveram-se 10 mg de RNase A em 1 ml de água bidestilada, distribuindo-se em alíquotas e armazenando-se a -20°C para utilização posterior.

viii. Etanol (70%)

30 ml de água destilada foram misturados em 70 ml de etanol para preparar uma solução a 70% e armazenados num frasco hermeticamente fechado para evitar a vaporização.

3.11.3. Recolha de micélios fúngicos de isolados *de Trichoderma* para extração de ADN

Os isolados foram cultivados em caldo de dextrose de batata (PDB) durante 5-7 dias para permitir a proliferação adequada dos fungos e o crescimento do micélio. Assim que se formou um disco de micélio adequado no meio líquido, a solução foi vertida utilizando um funil e papel de filtro Whatmann n.º 1 para reter o micélio e o meio líquido foi vertido. 1 para reter o micélio e o meio líquido foi autoclavado e descartado corretamente. O micélio foi devidamente lavado com água destilada e deixado secar ao ar numa câmara de fluxo de ar laminar. Uma vez seco, o micélio foi transferido para um almofariz e pilão estéreis e autoclavados para posterior procedimento de isolamento do ADN.

3.11.4. Procedimento de extração de ADN

Princípio

O CTAB é um detergente catiónico, que solubiliza as membranas e forma um complexo com o ADN. Após a rutura das células com o tampão de isolamento CTAB quente, as proteínas são extraídas com clorofórmio: álcool isoamílico, o complexo CTAB - ADN foi precipitado com isopropanol. O sedimento de ADN resultante da centrifugação foi lavado, seco e novamente dissolvido. O tratamento com RNase remove o ARN e alguns polissacáridos.

Procedimento para a extração de ADN genómico total

1. 200 mg de micélio lavado e seco de cada variedade foram triturados num almofariz e pilão previamente arrefecidos, utilizando azoto líquido.
2. Depois de o micélio ter sido triturado até se tornar um pó fino, foram adicionados 2 ml do tampão de extração pré-aquecido (65ºC) (2% CTAB) e 50 µl de solução SDS.
3. As amostras homogeneizadas foram transferidas para um tubo eppendorf de 2 ml autoclavado.
4. Os tubos Eppendorf com a solução homogeneizada foram incubados num banho de água mantido a 65ºC durante 1 hora com agitação e mistura ocasionais para permitir uma incubação uniforme.
5. O conteúdo foi centrifugado a 10.000rpm durante 10min. a 4ºC.
6. Após a centrifugação, o conteúdo foi separado em três fases distintas. A camada superior aquosa contendo ADN e ARN, a interfase com partículas finas e proteínas e a camada inferior com resíduos celulares.
7. A camada aquosa superior ou o sobrenadante foi transferido para um tubo eppendorf limpo (2 ml) e foram adicionados 600 µl de clorofórmio: álcool isoamílico (24:1) e o conteúdo foi misturado por inversão.
8. A solução foi então centrifugada a 10.000 rpm durante 10 minutos a 4ºC.
9. Foi adicionado um volume igual (1 ml) de clorofórmio: álcool isoamílico (24:1) e os conteúdos foram misturados por inversão.
10. A fase aquosa foi transferida para um tubo eppendorf limpo de 1,5 ml e foram novamente

adicionados 600 µl de clorofórmio: álcool isoamílico (24:1) e os conteúdos foram misturados por inversão.

11. A fase aquosa foi novamente transferida para um tubo eppendorf limpo de 1,5 ml. Adicionaram-se 600 µl de isopropanol refrigerado a cada tubo e misturou-se por inversão rápida e suave até o ADN precipitar.
12. A mistura foi armazenada a -20ºC durante a noite para obter uma precipitação completa. O conteúdo foi centrifugado a 10.000 rpm durante 10 minutos a 4ºC.
13. Os sedimentos de ADN precipitaram no fundo do tubo e o sobrenadante foi cuidadosamente vertido. O sedimento de ADN foi lavado com etanol gelado (70%).
14. Centrifugar durante 5 minutos a 10 000 rpm e decantar o etanol.
15. O sedimento foi seco ao ar por inversão num papel absorvente, dissolvido em 100µl de tampão TE e foram adicionados 2µl de solução de RNase (10mg/ml) para remover o ARN da amostra e armazenado a -20ºC.
16. As amostras foram colocadas num gel de agarose a 0,8% e foi efectuada uma análise qualitativa e da presença de ADN.

3.11.5. Purificação do ADN

O ADN que continha ARN como contaminante foi purificado com RNase A e subsequentemente precipitado.

Reagentes

1. Clorofórmio: álcool isoamílico (24:1)
2. Isopropanol refrigerado
3. Etanol a 70
4. Tampão TE
5. Solução de RNase A diluída 1:9 [1µl de RNase A (Sigma, EUA) foi misturado com 9µl de água destilada estéril e a solução foi armazenada a -20ºC]

Procedimento

1. A 50µl de amostra de ADN, foram adicionados 250µl de água destilada estéril, para perfazer o volume até 300µl. A este volume, foram adicionados 6µl de solução de RNase e a mistura foi incubada durante 1 hora a 37ºC num banho seco com agitação periódica.
2. Após a incubação, foi adicionado um volume igual de clorofórmio: mistura de álcool isoamílico (24:1).
3. Depois de misturar corretamente os componentes, estes foram centrifugados a 10.000 rpm durante 10 minutos a 4ºC.
4) Depois de transferir a fase aquosa para um novo tubo de centrifugação, foi adicionado um volume igual de clorofórmio: álcool isoamílico (24:1). A mistura foi então agitada suavemente e depois centrifugada a 10 000 rpm durante 10 minutos a 4ºC.
5. A fase aquosa foi transferida para um tubo de centrifugação limpo e foram adicionados 600 µl de isopropanol refrigerado.
6. A solução foi misturada por inversão suave durante algumas vezes até à precipitação do ADN.
7. A amostra foi mantida a -20ºC durante uma hora para uma precipitação completa.
8. Após incubação, a solução foi centrifugada a 8.000 rpm durante 5 minutos a 4ºC.
9. O pellet de ADN foi lavado com etanol a 70% e centrifugado durante 1 minuto a 4ºC a 8.000 rpm e o etanol foi decantado.
10. O sedimento foi seco ao ar e dissolvido em 50µl de água esterilizada, armazenado a -20ºC.
11. As amostras foram colocadas num gel de agarose a 0,8% e a qualidade do ADN foi verificada.

3.11.6. Eletroforese de ADN

Reagente e equipamento

1. Agarose (0,8% para o ADN genómico)

Tampão TAE 2,1X

3. Corante de carga para gel 6X

4. Brometo de etídio (EtBr)

5. Unidade de eletroforese, fonte de alimentação, bandeja de gel casting e pentes

Análise da qualidade por eletroforese em gel

A fim de determinar a qualidade do ADN, o ADN genómico extraído foi electroforizado num gel de agarose pelo conjunto de eletroforese (Bangalore Genei). As moléculas maiores migram mais lentamente do que as moléculas mais pequenas através dos poros do gel, uma vez que têm maior resistência à fricção e podem passar eficazmente através dos poros do gel. Dado que o tamanho do ADN genómico é bastante grande, foi observado utilizando um gel de 0,8 por cento, que pode distinguir entre moléculas de ADN com 0,7 a 8,5 kb de tamanho.

Tabela 3.6: Reagentes e produtos químicos para eletroforese em gel

Reagente / químico	Especificações	Fabrico
Agarose	Tipo 1 grau	Bangalore genei
Brometo de etídio	-	Himedia
Escada de 100 pb	-	Bangalore Genei

3.11.7. Preparação de soluções de reserva

i. Tampão de eletroforese [TAE]

Dissolveram-se 242 g de base Tris, 57,1 ml de ácido acético glacial e 100 ml de EDTA em 750 ml de água bidestilada. O pH foi ajustado para 8,0 com NaOH. A solução resultante foi filtrada e o volume final ajustado para 1 litro. A solução final foi autoclavada e armazenada à temperatura ambiente.

ii. Corante de carga de ADN (6X)

0,25 g de azul de bromofenol (25% p/v) e 40 g de sacarose foram dissolvidos em 100 ml de água bidestilada e o pH foi ajustado para 8,0 com NaOH 1 N. O corante foi armazenado a 4ºC por aliquotagem em tubos eppendorf. A solução de trabalho foi diluída a 3X.

iii. Brometo de etídio

Foram pesados 10 mg de brometo de etídio, dissolvidos em 1 ml de água bidestilada e armazenados à temperatura ambiente (foram tomadas as devidas precauções e cuidados com o EtBr, uma vez que é cancerígeno).

Procedimento

1. O tabuleiro de gel foi preparado por limpeza e fixado com os botões no suporte. O pente foi colocado no tabuleiro de gel a partir de uma das extremidades do tabuleiro, de modo a que os dentes do pente apontassem para baixo, cerca de 1-2 mm acima da superfície do tabuleiro.
2. Preparar o gel de agarose a 0,8% num frasco cónico com tampão TAE 1X (100 ml). Aqueceu-se no forno micro-ondas durante 40-60 segundos para dissolver a agarose.
3. Quando a solução estava prestes a arrefecer a cerca de 45ºC, adicionou-se imediatamente brometo de etídio (4µl). Depois de dissolver o brometo de etídio, a solução quente foi vertida no tabuleiro.
4. O gel pode solidificar dentro de 30 a 45 minutos à temperatura ambiente.
5. O gel foi colocado na câmara de eletroforese juntamente com o tabuleiro e o pente foi cuidadosamente retirado.
6. O tampão de eletroforese (o mesmo tampão utilizado para preparar a agarose) foi vertido na câmara para submergir o gel (apenas até os poços estarem cobertos).
7. Às amostras preparadas para eletroforese, adicionar 1 µl de corante de carga de gel 6x por

cada 5 μl de solução de ADN. Misturar bem e carregar 6μl de ADN por poço. Foi adicionada uma escada de ADN de 1 pb numa extremidade do gel.

8. As amostras de ADN foram electroforizadas a 80 V até o corante migrar dois terços do comprimento do gel.
9. O ADN intacto aparece como bandas fluorescentes cor de laranja. O ADN degradado apresenta-se como um esfregaço devido à presença de muitos fragmentos, que diferem apenas numa ou duas bases.

3.11.8. Documentação do gel

Utilizando o software Quantity One e o BioRad Gel Documentation System, foi efectuada a documentação do gel. Um pacote de software chamado Quantity One é utilizado para obter imagens, analisar e armazenar dados sobre géis de eletroforese. Os géis foram fotografados pelo software e apresentados no ecrã do computador.

Equipamento

1. Iluminador UV Tran (BIORAD)
2. Sistema de documentação e análise de gel Gel DOC-XR TM

Procedimento

1. Posicionamento do gel: A câmara Gel DOC XR foi colocada no modo Live/Focus. Durante a focagem, a posição do gel foi cuidadosamente mantida dentro da moldura.
2. Seleção do modo de iluminação: Selecionar o tipo e a escala dos dados do Gel DOC XR, utilizando os botões de opção do Modo de Imagem.
3. Adquirir a imagem: A exposição automática foi clicada. Após o tempo de exposição automática ter sido atingido, a exposição foi ajustada introduzindo tempos ligeiramente diferentes (em segundos) no campo Tempo de exposição.
4. Em alternativa, também se pode clicar em Exposição manual para introduzir diretamente o

tempo de exposição. Uma vez adquirida a imagem, clicar em "Freeze" (congelar).

5. Otimização do ecrã: Os controlos de visualização foram úteis para ajustar rapidamente o aspeto da imagem para a saída para uma impressora de vídeo.

6. Analisar a imagem: O passo Analysis (Análise) da janela de aquisição do Gel Doc XR permite adicionar anotações e analisar a imagem recém-adquirida.

7. Seleção da saída: A imagem foi impressa e guardada num ficheiro.

3.11.9. Cartilhas

Seleção e síntese de primers

Foram selecionados para este estudo um total de 10 primers SSR. Para a seleção dos primers, foram seguidas as seguintes regras

- Os primers são sempre especificados de 5' a 3', da esquerda para a direita.
- O comprimento ideal dos primers para PCR e sequenciação deve situar-se entre 18 e 25 nucleótidos.
- Para facilitar a ligação, os primers para PCR e sequenciação devem conter um teor de GC entre 40 e 60 por cento e uma extremidade 3' que termina em C ou G.
- Uma vez que a extensão pela ADN polimerase durante a PCR depende de uma boa correspondência na extremidade, a extremidade 3' do iniciador deve corresponder exatamente ao ADN modelo.
- Nas últimas 5 bases na extremidade 3' do primer, certifique-se de que existem pelo menos 2 bases G ou C (grampo GC).
- Quando um local de restrição foi adicionado à extremidade de um iniciador, normalmente, são adicionados 5-6 nucleótidos 5' dos locais das enzimas de restrição (também conhecidos como "sequência líder") no iniciador para permitir um corte eficiente.
- Evitar a repetição de dinucleótidos ou séries de quatro ou mais de uma única base, como

ACCCC ou ATATATATAT, uma vez que podem conduzir a uma preparação incorrecta do iniciador.

- Evitar regiões estruturais secundárias, como a homologia inter-primer (primers forward e reverse com sequências complementares) e a homologia intra-primer (mais de 3 bases complementares no primer). Devido a estas condições, as sequências de ADN desejadas podem não se ligar, mas podem formar dímeros de primers ou auto-dímeros/hairpins. É possível encontrar a estrutura secundária utilizando ferramentas como o IDT Oligo Analyzer, uma vez que este possui uma distribuição equilibrada de domínios ricos em GC e ricos em AT.
- Para uma conceção óptima, o valor ΔG para a análise de dímeros deve variar tipicamente entre 0 e -9 kcal/mole. Valores negativos superiores a este podem dificultar as reacções de PCR.
- Para os hairpins, a temperatura de fusão (Tm) deve ser inferior à temperatura de recozimento.

10 Os primers SSR foram sintetizados por encomenda pela Sigma Aldrich Laboratories Pvt Ltd. Para obter a concentração 10X dos primers, estes foram dissolvidos no volume adequado de água bidestilada, utilizando os pesos nanométricos fornecidos pelo fabricante. Ao preparar a mistura principal, a solução de iniciadores 10X foi diluída com água destilada para criar a solução de iniciadores de trabalho, que tinha uma concentração de 1X. Os pormenores da sequência dos primers e da sua temperatura de recozimento são apresentados no quadro 3.6.

3.11.10. Mistura de reação PCR para os iniciadores

Com base na quantidade de ADN, a reação de PCR foi montada, a amplificação do ADN para os iniciadores foi realizada num volume total de 25 µl. Os seguintes componentes foram misturados suavemente em tubos de PCR de parede fina. A composição da mistura de reação é mencionada abaixo na tabela 3.7.

Tabela 3.7: Mistura de reação PCR

Componentes	**Volume (µl)**
Tampão Taq B	2.5
$MgCl_2$	1.2
Mistura de dNTPs	0.3
Primário (R+F)	2.0
Taq Polimerase	0.3
ADN	2.0
Água destilada	16.7
Volume total	**25**

Tabela 3.8: Lista de sequências de primers, temperatura de recozimento e teor de GC

SN	**Nome do iniciador**	**Sequência do iniciador (5'->3')**	**Teor de GC (%)**	**Tm (ºC)**	**Av. Tm (ºC)**
1	SSR1_F	GAAACAACACCGAAATACAC	**40**	**56**	**53**
	SSR1_R	CAAGTCAGATGAAGTTTG	**38.8**	**50**	
2	SSR6_F	CCATGCATACGTGACTGC	**55.5**	**56**	**57**
	SSR6_R	GTTGACTGTTGGTGTAAGTG	**45**	**58**	
3	SSR8_F	GGGAATTTGTGGAGGGAAG	**52.6**	**58**	**57**

	SSR8_R	CCTCAGAATGTCCCTGTC	**55.5**	**56**	
4	SSR10_F	CGAGCTAAAATTCAGTTGGCAC	**47**	**50**	**51**
	SSR10_R	GCTGTTGCTGTTGCATGAGTG	**44.4**	**52**	
5	SSR11_F	CCGTAAGAATAGGTGTC	**38.8**	**50**	**51**
	SSR11_R	GGAAAATAGGGTGGAAAG	**30**	**52**	
6	SSR13_F	CCACGTATGTGACTGTATG	**47.3**	**56**	**57**
	SSR13_R	GAAAGAGAGGCTGAAACTTG	**45**	**58**	
7	SSR14_F	GGTAGGTGAGATAGTTG	**47**	**50**	**51**
	SSR14_R	GGAGCAAGAAGAAGCAG	**52.9**	**52**	
8	SSR15_F	GGAATTTATCACACTATCTC	**35**	**54**	**52**
	SSR15_R	GACTCCCAACTTGTATG	**35**	**50**	
9	SSR18_F	GTGTGTACCTAAAGCCTTG	**47**	**56**	**56**
	SSR18_R	GTAAGTTGATCAAACGCCC	**47.3**	**56**	
10	SSR20_F	CACGACTATCCCACTTG	**52.9**	**52**	**55**
	SSR20_R	CTTACTTTCTTAGTGCTATTAC	**31.8**	**58**	

3.11.11. Condições de amplificação do ADN

A mistura de reação incluía ADN modelo, tampão Taq A ou B, $MgCl_2$, Taq DNA polimerase, dNTPs e primers. A alíquota desta mistura principal foi distribuída em tubos de PCR. A PCR foi efectuada num termociclador Prima-Duo. Um fator importante, que afectou a taxa de amplificação, foi o perfil de temperatura dos ciclos térmicos. O termociclador foi programado para a duração e temperatura desejadas.

Tabela 3.9: O programa PCR

S	Etapa	Temperatura	Tempo	
1	Desnaturação inicial	94ºC	4 minutos	
2	Desnaturação	94ºC	45 segundos	
3	Recozimento do iniciador	43ºC a 55ºC	1 minuto	**35 ciclos**
4	Extensão do iniciador	72ºC	2 minutos	
5	Extensão final	72ºC	8 minutos	
6	Retenção infinita	4ºC	∞	

3.11.12. Eletroforese em gel de agarose

Foi efectuada uma eletroforese em gel dos produtos amplificados utilizando um gel de agarose a 2% e foi utilizada a coloração com brometo de etídio (EtBr). Utilizando TAE 1X, foi criada uma corrida de gel e o dimensionamento foi efectuado com um marcador (escada de ADN de 100 pb). O perfil foi documentado para análise posterior depois de ser visto sob um iluminador UV (312nm) Trans.

Procedimento

1. Os separadores e as placas de vidro foram devidamente limpos. Utilizou-se água desionizada e etanol para enxaguar as placas, após o que foram mantidas à parte para secar.
2. O tabuleiro de moldagem do gel foi montado com espaçadores no moldador de gel.
3. Foi preparada uma solução de gel de agarose a 2% por ebulição no forno micro-ondas, de

acordo com a composição especificada, ou seja, 2 g de pó de agarose dissolvido em 100 ml de tampão TAE.

4. Foram usadas luvas e foi efectuado um trabalho rápido para preparar o gel antes de a agarose solidificar após a adição de brometo de etídio (EtBr).
5. Os pentes de tamanho adequado foram imediata e cuidadosamente inseridos no gel, para evitar que bolhas de ar ficassem presas sob os dentes.
6. A agarose foi deixada no tabuleiro durante 30-60 minutos à temperatura ambiente para solidificar.
7. O tabuleiro de moldagem de gel foi retirado da máquina de moldagem de gel após a polimerização estar concluída e cuidadosamente limpo para remover o gel derramado da parte de trás do tabuleiro.
8. O gel foi colocado na unidade de eletroforese em gel juntamente com o tabuleiro e os pentes foram cuidadosamente retirados do gel após a adição do tampão de corrida.
9. Utilizando uma micropipeta (0-10 µl), com uma ponta de plástico extraída, as amostras de ADN foram misturadas com o corante de carregamento do gel (4 µl) e colocadas nos poços.
10. Os eléctrodos foram ligados a uma fonte de alimentação e a energia foi ligada para iniciar a eletroforese a 70 V durante cerca de 40 minutos.
11. Deixou-se decorrer a eletroforese em gel até que o corante marcador se deslocasse a distância desejada. As sondas foram desligadas e a corrente eléctrica desligada.
12. O gel foi examinado quanto à presença de bandas, fazendo-o deslizar sobre um transiluminador UV e, em seguida, tal como referido anteriormente, foi tirada uma imagem fotográfica utilizando a máquina de documentação do gel.

3.12. Análise dos dados

Utilizando o software Quality One (Alpha InfoTech) e uma câmara com dispositivo de acoplamento de carga (CCD) montada num sistema de documentação de gel, o gel foi fotografado. Para cada gel, a pontuação foi efectuada manualmente. O posicionamento das bandas foi utilizado para identificar os alelos. Atribuindo uma letra a cada banda, o padrão de bandas para cada marcador molecular foi registado para cada genótipo. Os tamanhos dos alelos foram determinados com recurso a uma variedade de escalas de ADN disponíveis no mercado (Bangalore Genei, Bangalore), e os números de alelos correspondentes foram "al", "a2", etc. Na matriz de dados, a presença de uma banda foi sempre representada por "1" e a ausência por "0". Em seguida, os dados entre genótipos foram gerados utilizando a matriz de dados binários.

Utilizando o programa NTSYS-PC (versão 2.02 W), os dados binários foram analisados para produzir um dendrograma que ilustra a ligação hierárquica entre os isolados **(Rohlf, 1993)**.

3.12.1. Índice do iniciador

A eficácia dos iniciadores foi analisada com base em vários parâmetros. Os vários parâmetros estudados são os seguintes:

i. **H (Índice de heterozigotia):** definido como a probabilidade de um indivíduo ser heterozigótico para o locus na população.

ii. **PIC (Conteúdo de Informação Polimórfica):** A probabilidade de o genótipo marcador de uma determinada descendência permitir deduzir, na ausência de cruzamento, qual dos dois alelos marcadores dos progenitores afectados recebeu.

Cálculo do valor PIC

O conteúdo de informação de polimorfismo (PIC), tal como definido por Botstein e colegas, foi obtido após a pontuação das bandas para cada locus de primers utilizando a fórmula abaixo.

$$PIC = 1 - \left[\sum_{i=1}^{n} p_i^2\right] - \left[\sum_{i-1}^{n-1}\sum_{i-1}^{n} 2pi^2p_j^2\right]$$

Onde,

P_i = Frequência do alelo i th

P_j = Frequência do alelo (i+i) . th

Apenas os dados dos loci de primers polimórficos foram utilizados para a análise.

iii. **EMR (rácio multiplex efetivo):** o produto da fração de loci polimórficos para um ensaio individual ou o número de loci polimórficos no conjunto de germoplasma de interesse analisado por experiência. Exceto no caso dos SSR (ou outros marcadores co-dominantes), em que a EMR é 1 com base no pressuposto de que cada ensaio revela um único locus.

iv. **MI (Marker Index)**: definido como o produto do rácio multiplex eficaz E e a heterozigotia média aritmética (H_{av}) para as bandas polimórficas num ensaio.

v. **DP (Poder de discriminação):** Representa a probabilidade de dois indivíduos escolhidos ao acaso terem padrões diferentes e, portanto, serem distinguíveis um do outro.

CAPÍTULO 4

RESULTADOS

O presente estudo, intitulado "Genetic diversity analysis of *Trichoderma* isolates using SSR marker" (Análise da diversidade genética de isolados *de Trichoderma* utilizando marcadores SSR), foi realizado no Departamento de Biotecnologia Agrícola, Faculdade de Agricultura, Universidade de Agricultura e Tecnologia Sardar Vallabhbhai Patel, com o objetivo de analisar a diversidade genética entre isolados de *Trichoderma* isolados de amostras de solo recolhidas em vários distritos de Uttar Pradesh. Os resultados do estudo efectuado são apresentados a seguir.

4.1. Isolamento e recolha de isolados puros *de Trichoderma*:

Os isolados *de Trichoderma* isolados das amostras de solo recolhidas em vários distritos de Uttar Pradesh (quadro 3.5) foram caracterizados morfologicamente através da observação das suas caraterísticas de colónia e padrão de crescimento. As caraterísticas das colónias observadas são apresentadas no quadro 4.1.

4.2. Crescimento radial

Todos os catorze isolados foram cultivados em placas de PDA, inoculando um disco de cinco mm de cultura fresca no centro da placa de Petri e incubando a 27^0 C. O crescimento radial foi registado a partir das 24 horas e, posteriormente, de 48 em 48 horas. O crescimento radial mais rápido foi observado no isolado TBT- 01 e o mais lento no isolado TBT- 12. O isolado TBT- 01 cobriu toda a placa de Petri com o seu crescimento no prazo de 5 dias após a inoculação, enquanto os outros isolados quase cobriram completamente as placas. Após 24 horas de incubação, foi registado um crescimento radial médio máximo de 12,52 mm no isolado TBT- 01, enquanto o crescimento radial médio mínimo de 8,02 mm foi registado no isolado TBT-12. No entanto, após incubação prolongada de 72 e 120 horas, o padrão de crescimento permaneceu o mesmo com o isolado TBT-01 com um crescimento radial máximo de 80,00 mm e o TBT-12 com o mínimo de 72,82 mm. A taxa média de crescimento dos isolados é apresentada na tabela 4.1.

Tabela 4.1: Caraterísticas observadas das colónias e taxa de crescimento dos isolados

Isolados	Cor da colónia	Cor inversa	Taxa de crescimento (cm dia)$^{-1}$
TBT-01	Verde escuro	Cremoso	1.34 ± 0.11
TBT-02	Verde escuro	Cremoso	1.32 ± 0.14
TBT-03	Branco para verde	Amarelo claro	1.32 ± 0.15
TBT-04	Verde escuro	Cremoso	1.33 ± 0.13
TBT-05	Verde claro	Cremoso	1.30 ± 0.15
TBT-06	Verde amarelado	Amarelo claro	1.32 ± 0.09
TBT-07	Verde escuro	Cremoso	1.26 ± 0.15
TBT-08	Verde escuro	Cremoso	1.34 ± 0.12
TBT-09	Verde claro	Amarelo claro	1.33 ± 0.08
TBT-10	Amarelo a verde	Amarelo claro	1.31 ± 0.16
TBT-11	Verde escuro	Incolor	1.23 ± 0.06
TBT-12	Amarelo a verde	Amarelo claro	1.03 ± 0.14
TBT-13	Verde escuro	Cremoso	1.32 ± 0.1
TBT-14	Verde claro	Amarelo claro	1.16 ± 0.3

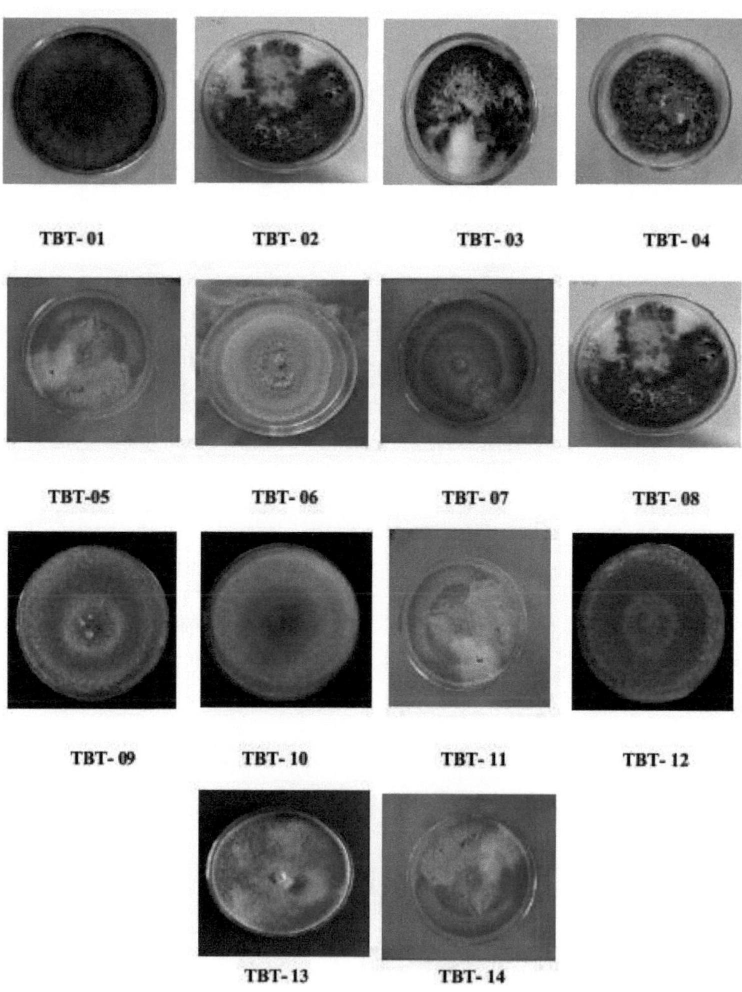

Fig. 4.1: Cultura pura dos isolados *de Trichoderma*

TBT- 01 TBT- 02

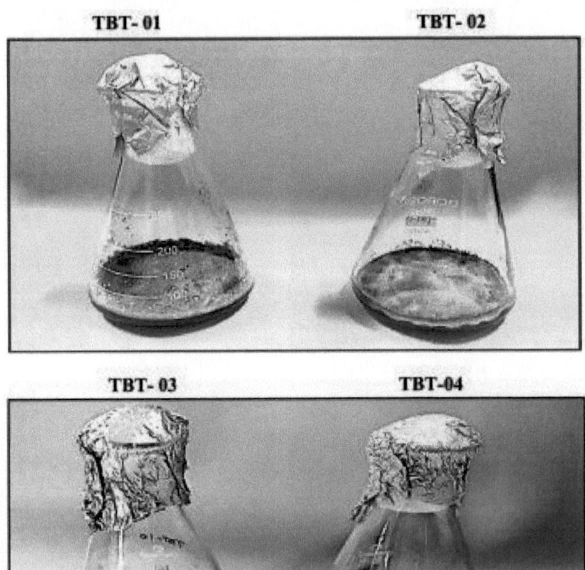

TBT- 03 TBT-04

TBT- 05 TBT-06

Fig. 4.2: Cultura dos isolados *de Trichoderma* em caldo de dextrose de batata (PDB)

Fig 4.3: Culture of *Trichoderma* isolates in Potato Dextrose Broth (PDB)

4.3. Estudo molecular

A diversidade genética dentro dos isolados *de Trichoderma* foi estudada usando marcadores de Repetição de Sequência Simples (SSR). Os isolados foram codificados e confirmados como *Trichoderma* spp. utilizando a análise morfológica das colónias e o marcador Internal Transcribed Spacer (ITS).

4.3.1. Análise ITS (Internal Transcribed Spacer)

Para confirmar que os fungos isolados das amostras de solo recolhidas em vários distritos de Uttar Pradesh são *Trichoderma* spp. foi efectuada uma análise de marcadores ITS utilizando os primers ITS-1 (TCCGTAGGTGAACCTGCGG) e ITS-4 (TCCTCCGCTTATTGATATGC). Os resultados obtidos foram analisados pelo estudo efectuado por Chakraborty (2010) para a identificação e diversidade genética de isolados *de Trichoderma.*

4.3.2. Primers selecionados para a análise dos marcadores SSR

Para a investigação que se segue, foi selecionado um total de dez iniciadores SSR específicos de *Trichoderma* spp. a partir de várias publicações disponíveis e sintetizados por encomenda pela Sigma Aldrich Laboratories Pvt. Ltd. para a análise da diversidade genética nos isolados.

A PCR (Reação em Cadeia da Polimerase) foi programada com uma desnaturação inicial a 94° C durante 3 min, seguida de 35 ciclos de desnaturação a 94° C durante 1 min, com uma temperatura de recozimento que varia entre 43°C e 55°C, dependendo do iniciador, durante 1 min, seguida de extensão do iniciador durante 2 min a 72°C e extensão final a 72°C durante 8 min. O padrão de bandas do produto amplificado pela PCR foi analisado através da resolução dos produtos utilizando uma eletroforese em gel de agarose a 2% e foi utilizada uma escada de 1kb para comparar e analisar o tamanho dos amplicões.

4.3.3. Análise do iniciador

Para a análise da diversidade genética dos isolados *de Trichoderma*, foram utilizados 10 primers SSR sintetizados por encomenda da Sigma Aldrich Laboratories Pvt. Ltd., Bangalore. Os primers utilizados foram analisados numa série de parâmetros, incluindo o seu padrão de bandas, conteúdo de informação polimórfica, índice de heterozigotia, rácio multiplex eficaz, índice de marcadores e poder discriminatório.

Os resultados da amplificação com os 10 primers SSR produziram um total de 15 alelos em todos os catorze isolados de Trichoderma. Dos dez iniciadores, oito iniciadores (SSR- 06, SSR- 08, SSR- 10, SSR- 11, SSR-13, SSR- 14, SSR- 18 e SSR- 20) produziram alelos polimórficos, enquanto dois iniciadores (SSR- 01 e SSR- 15) produziram bandas monomórficas. Obteve-se um total de quinze alelos, incluindo dois alelos monomórficos e treze alelos de bandas polimórficas. O polimorfismo médio observado foi de 80% em todos os dez iniciadores entre os catorze isolados *de Trichoderma.*

O cálculo do valor do conteúdo de informação polimórfica (PIC) dos iniciadores revelou que o valor PIC variou entre 0,132 (para os iniciadores SSR- 01 e SSR- 15) e 0,334 (para o iniciador SSR- 18). O valor PIC médio dos 10 primers foi de 0,178. O índice de heterozigosidade (H) variou de um valor mais baixo de 0,132 (SSR- 01, SSR- 15) a um valor mais alto de 0,374 (SSR- 18), com um índice médio de heterozigosidade de 0,192 entre todos os primers.

O valor do rácio multiplex eficaz (EMR) foi registado como 1,000 em todos os 10 iniciadores, enquanto o índice de marcadores (MI) variou entre 0,132 (SSR- 01, SSR- 15) e um valor mais elevado de 0,374 (SSR- 18), com um MI médio de 0,192 entre todos os iniciadores.

O Poder de distinção (DP), do iniciador SSR-18 foi o mais elevado, 0,079, enquanto foi o mais baixo para os iniciadores SSR-01 e SSR-15, com um valor de 0,00. O poder de distinção médio de todos os 10 primers foi calculado como sendo 0,031.

Tabela 4.2: Índice de primários

Cartilha	Alelos monomórficos	Alelos polimorfos	% Polimorfismo	H	PIC	EMR	MI	DP
SSR 01	1	0	0	0.142	0.132	1.000	0.142	0.000
SSR 06	0	1	100	0.144	0.137	1.000	0.144	0.028
SSR 08	0	2	100	0.145	0.139	1.000	0.145	0.038
SSR 10	0	1	100	0.143	0.136	1.000	0.143	0.020
SSR 11	0	1	100	0.143	0.134	1.000	0.143	0.011
SSR 13	0	2	100	0.270	0.250	1.000	0.270	0.061
SSR 14	0	1	100	0.272	0.255	1.000	0.272	0.039
SSR 15	1	0	0	0.142	0.132	1.000	0.142	0.000

SSR 18	0	4	100	0.374	0.334	1.000	0.374	0.079
SSR 20	0	1	100	0.145	0.140	1.000	0.145	0.041
Total	2	13	-	1.92	1.789	14	1.92	0.317
Média			80	0.192	0.178	1.4	0.192	0.031

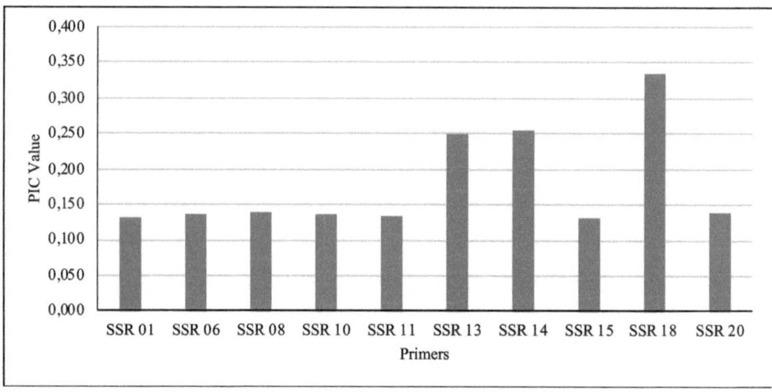

Fig. 4.4: Representação gráfica dos valores PIC dos primers

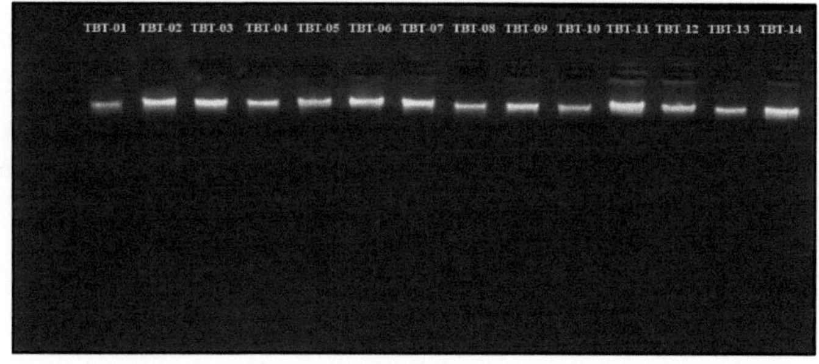

Fig 4.5: ADN genómico isolado de isolados de Trichoderma em gel de agarose a 0,8%

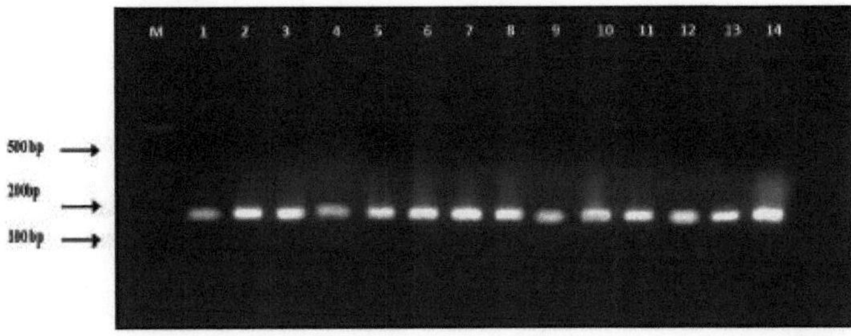

Fig. 4.6: Amplificação de isolados *de Trichoderma* usando o primer SSR- 01
M: escada de 100 pb, iniciador: SSR- 01, poços 1-14: TBT-01 a TBT-14

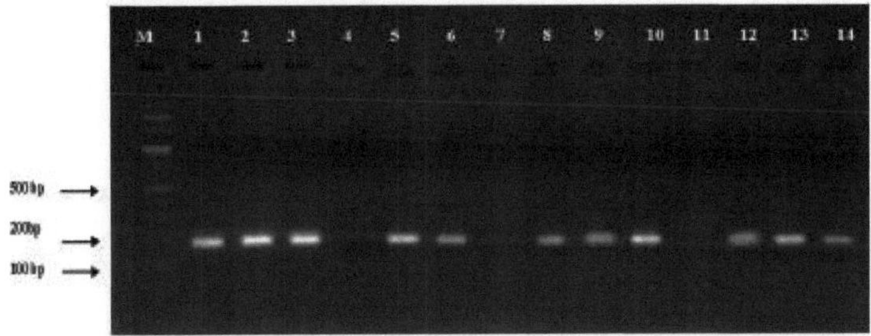

Fig. 4.7: Amplificação de isolados *de Trichoderma* utilizando o iniciador SSR- 06
M: escada de 100 pb, iniciador: SSR- 06, poços 1-14: TBT-01 a TBT--14

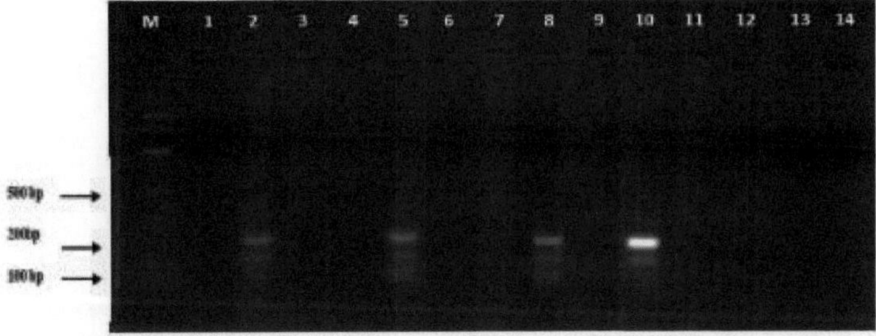

Fig. 4.8: Amplificação de isolados *de Trichoderma* utilizando o iniciador SSR- 08
M: escada de 100 pb, iniciador: SSR- 08, poços 1-14: TBT-01 a TBT--14

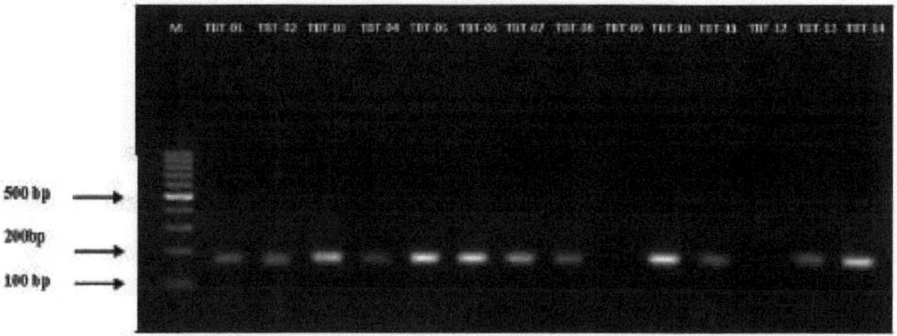

Fig. 4.9: Amplificação de isolados *de Trichoderma* utilizando o iniciador SSR-10
M: escada de 100 pb, iniciador: SSR-10, poços 1-14: TBT-01 a TBT-14

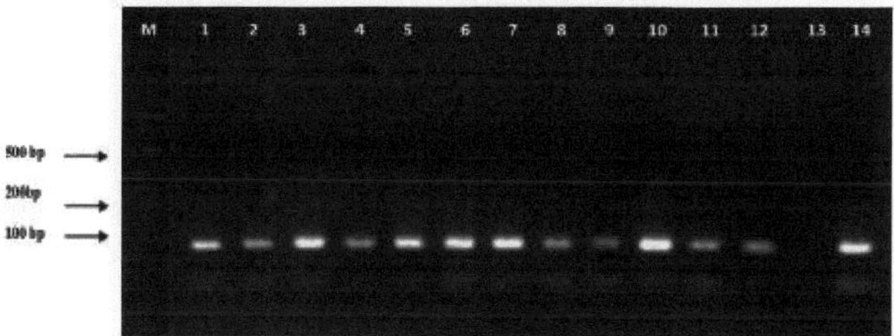

Fig. 4.10: Amplificação de isolados *de Trichoderma* utilizando o iniciador SSR- 11
M: escada de 100 pb, iniciador: SSR- 11, poços 1-14: TBT-01 a TBT-14

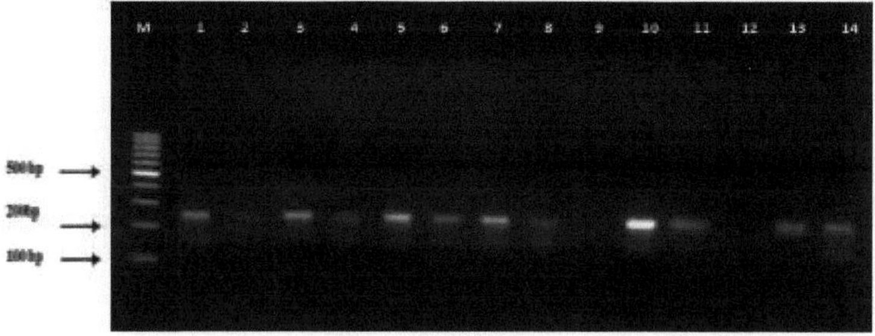

Fig. 4.11: Amplificação de isolados *de Trichoderma* utilizando o iniciador SSR-13
M: escada de 100 pb, iniciador: SSR- 13, poços 1-14: TBT-01 a TBT-14

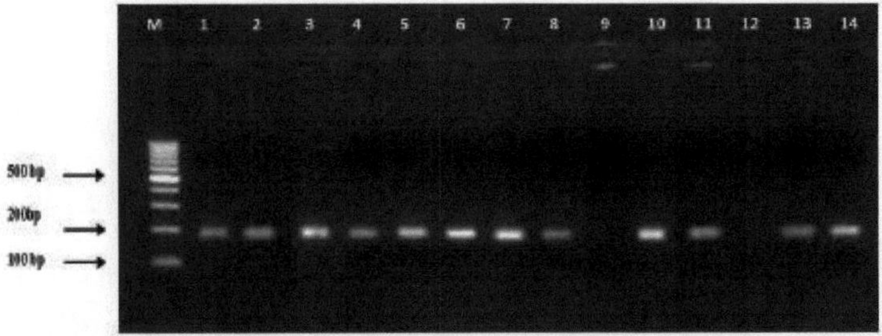

Fig. 4.12: Amplificação de isolados *de Trichoderma* utilizando o iniciador SSR- 14 M: escada de 100 pb, iniciador: SSR- 14, poços 1-14: TBT-01 a TBT--14

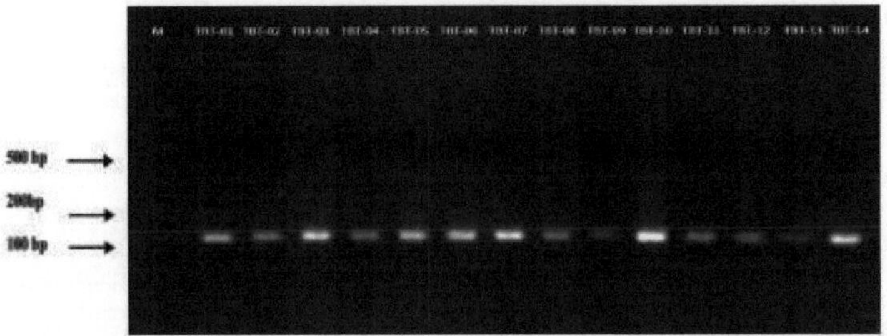

Fig. 4.13: Amplificação de isolados *de Trichoderma* utilizando o iniciador SSR- 15 M: escada de 100 pb, iniciador: SSR- 15, poços 1-14: TBT-01 a TBT-14

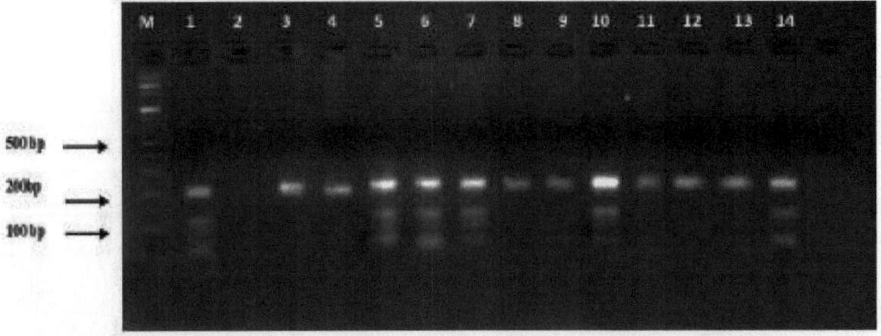

Fig. 4.14: Amplificação de isolados *de Trichoderma* utilizando o iniciador SSR- 18 M: escada de 100 pb, iniciador: SSR- 18, poços 1-14: TBT-01 a TBT-14

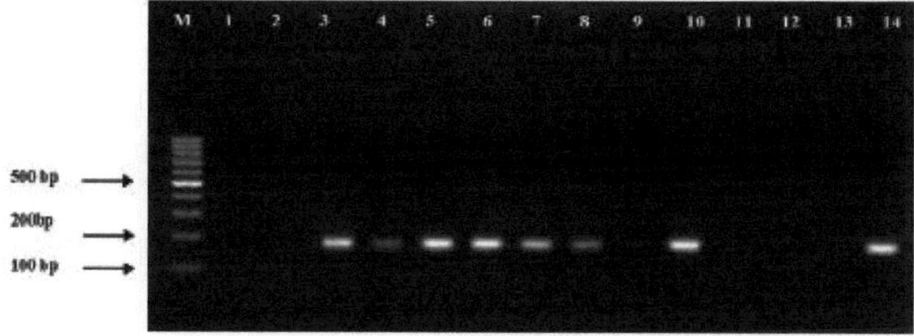

Fig. 4.15: Amplificação de isolados *de Trichoderma* utilizando o iniciador SSR- 20 M: escada de 100 pb, iniciador: SSR- 20, poços 1-14: TBT-01 a TBT--14

4.4. Matriz de similaridade binária para o marcador SSR

A matriz de similaridade binária dos dados combinados de amplicons produzidos por dez primers SSR de isolados *de Trichoderma* foi preparada pontuando a presença ou ausência de bandas no gel. Assumiu-se que o peso molecular era idêntico.

A similaridade entre os genótipos pode ser prevista com base na matriz de similaridade calculada. Os genótipos que apresentam um índice de semelhança "1" são considerados 100% semelhantes, enquanto os que apresentam um índice de semelhança "0" são considerados 100% geneticamente dissimilares. No estudo seguinte, o valor do coeficiente de semelhança variou entre 0,429 e 0,929 nos isolados *de Trichoderma*, indicando um elevado grau de polimorfismo no que respeita à semelhança genética. A semelhança mínima ou a maior variabilidade, de acordo com o índice de semelhança de Jaccard (0,429), foi observada entre os isolados TBT- 03 e TBT-12 e também TBT- 05 e TBT- 12, enquanto a semelhança máxima ou a menor variabilidade (0,929) foi registada entre os isolados TBT- 01 e TBT- 02, TBT- 01 e TBT- 08, TBT- 02 e TBT- 08, e os isolados TBT- 13 e TBT- 14. Foi utilizada uma estimativa da semelhança genética (coeficiente de Jaccard) com base no padrão de bandas SSR para a análise de agrupamentos, a fim de estabelecer a relação genética sob a forma de um dendrograma.

Christian Hennig (2007) afirmou que uma medida de estabilidade dos agregados é calculada utilizando o coeficiente de Jaccard, uma medida de semelhança entre conjuntos, e avaliada comparando cada agregado num agregado com o agregado mais semelhante nos conjuntos de dados bootstrapped. Isto aplica-se a uma vasta gama de técnicas de análise de clusters. O índice de similaridade de Jaccard dos isolados *de Trichoderma* é apresentado na tabela 4.3.

	TBT- 01	TBT- 02	TBT- 03	TBT- 04	TBT- 05	TBT- 06	TBT- 07	TBT- 08	TBT- 09	TBT- 10	TBT 11	TBT- 12	TBT- 13	TBT- 14
TBT 01	1.000													
TBT 02	0.929	1.000												
TBT 03	0.714	0.714	1.000											
TBT 04	0.857	0.857	0.786	1.000										
TBT 05	0.571	0.571	0.643	0.500	1.000									
TBT 06	0.857	0.857	0.643	0.786	0.643	1.000								
TBT 07	0.786	0.786	0.714	0.857	0.571	0.714	1.000							
TBT 08	0.929	0.929	0.714	0.857	0.571	0.857	0.786	1.000						
TBT 09	0.643	0.643	0.571	0.714	0.429	0.571	0.786	0.643	1.000					
TBT 10	0.786	0.786	0.571	0.714	0.429	0.714	0.643	0.786	0.786	1.000				
TBT 11	0.714	0.714	0.500	0.643	0.500	0.786	0.571	0.714	0.571	0.714	1.000			
TBT 12	0.643	0.643	0.429	0.571	0.429	0.714	0.500	0.643	0.643	0.786	0.714	1.000		
TBT 13	0.714	0.714	0.500	0.643	0.500	0.786	0.571	0.714	0.571	0.714	0.786	0.857	1.000	
TBT 14	0.714	0.714	0.500	0.643	0.500	0.786	0.571	0.714	0.571	0.714	0.786	0.857	0.929	1.000

Tabela 4.3: Índice de similaridade de Jaccard entre os isolados *de Trichoderma*

4.5. Análise da diversidade genética de isolados *de Trichoderma*

A análise do dendrograma construído pelo software NTSYS revelou que o valor mais alto e mais baixo do coeficiente de semelhança para os isolados foi de 0,929 e 0,500, respetivamente, enquanto os isolados foram agrupados em dois grupos A e B (fig. 4.17). O grupo menor B incluía apenas um isolado TBT- 05, o que indica que o isolado tem a menor semelhança ou a maior diversidade entre os isolados estudados, enquanto o grupo maior A incluía todos os outros treze isolados. Dentro do agrupamento principal A, observaram-se subagrupamentos com base em diferentes coeficientes de semelhança. O agrupamento principal A foi dividido em dois subagrupamentos A1 e A2, dos quais o subagrupamento A1 era constituído por nove isolados, ou seja, TBT- 01, TBT- 02, TBT- 03, TBT- 04, TBT-06, TBT- 07, TBT- 08, TBT- 09 e TBT- 10, enquanto o subagrupamento A2 era constituído por quatro isolados, ou seja, TBT- 11, TBT-12, TBT- 13 e TBT- 14. Dentro dos dois subagrupamentos A1 e A2, observaram-se mais subagrupamentos a nível individual.

Entre todos os grupos obtidos, observou-se que alguns isolados foram agrupados num único grupo no extremo, indicando que possuíam uma maior semelhança entre si em comparação com os outros isolados. Os isolados TBT- 01, TBT- 02 e TBT- 08 formaram um único grupo, revelando a sua relação entre si, enquanto os isolados TBT- 13 e TBT- 14 se agruparam num único grupo, indicando que estavam estreitamente relacionados entre si.

O parentesco ou agrupamento dos isolados num único grupo pode presumivelmente ser atribuído às localizações geográficas próximas de onde foram recolhidas as amostras de solo para o isolamento dos isolados de Trichoderma.

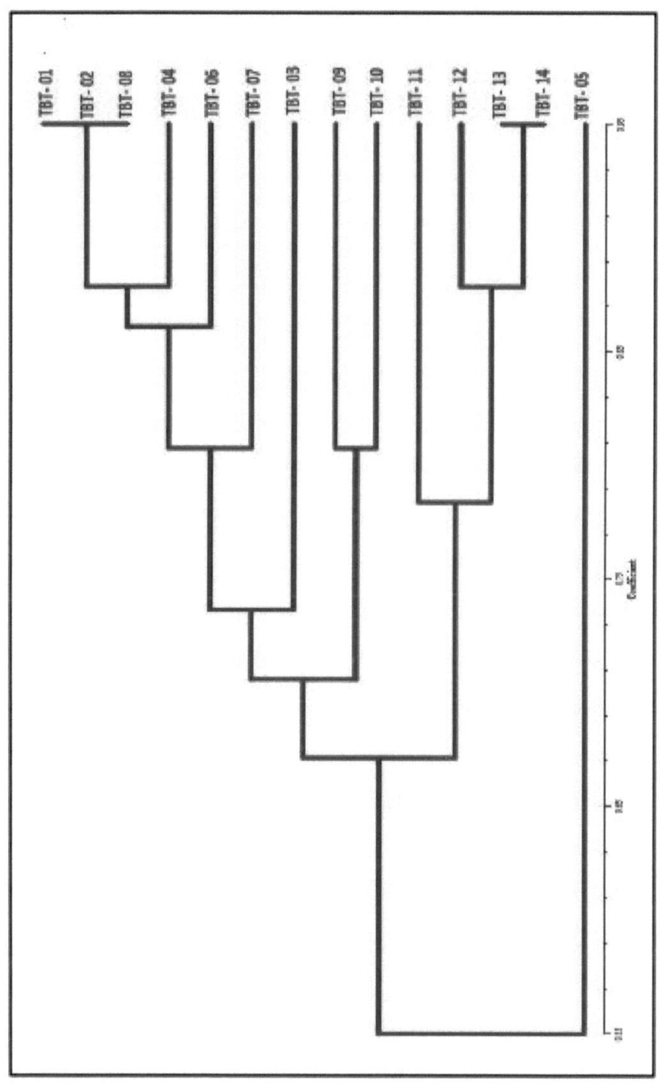

Figura 4.16: Diversidade genética entre isolados *de Trichoderma* com base no marcador SSR

CAPÍTULO 5
DISCUSSÃO

O estudo intitulado "Genetic diversity analysis of *Trichoderma* isolates using SSR marker" (Análise da diversidade genética de isolados *de Trichoderma* utilizando marcadores SSR) foi realizado com êxito no Departamento de Biotecnologia Agrícola, Faculdade de Agricultura, Universidade de Agricultura e Tecnologia Sardar Vallabhbhai Patel, Meerut, Uttar Pradesh. O estudo foi realizado com o objetivo de caraterizar a diversidade genética entre isolados de *Trichoderma* isolados de amostras de solo recolhidas em vários distritos de Uttar Pradesh.

Para o estudo, isolaram-se isolados de *Trichoderma* a partir de amostras de solo colhidas em vários distritos de Uttar Pradesh, que foram submetidos a diluição em série e plaqueamento num meio seletivo *de Trichoderma* em placas de Petri e, em seguida, cultura de colónias puras em meio de ágar dextrose de batata. Entre os 14 isolados cultivados, o crescimento radial mais rápido foi observado no isolado TBT-01 e o mais lento no isolado TBT-12. O crescimento radial médio máximo foi registado no isolado TBT- 01 (12,52 mm), enquanto o mínimo foi de 8,02 mm no isolado TBT-12 após 24 horas. O padrão de crescimento permaneceu o mesmo após incubação prolongada de 72 e 120 horas. O isolado TBT- 01 apresentou uma taxa de crescimento máxima entre todos os isolados.

Dez primers SSR, nomeadamente SSR- 01, SSR- 06, SSR- 08, SSR- 10, SSR- 11, SSR- 13, SSR- 14, SSR- 15, SSR- 18 e SSR- 20, foram escolhidos no presente estudo para examinar a diversidade genética de catorze isolados *de Trichoderma.* A análise SSR foi considerada bastante eficaz em estudos relacionados com o polimorfismo entre os isolados *de Trichoderma.* Entre os dez primers utilizados, foram obtidos alelos polimórficos em oito primers (SSR- 06, SSR- 08, SSR- 10, SSR-11, SSR- 13, SSR- 14, SSR-18, SSR-20), enquanto dois primers (SSR- 01e SSR- 15) produziram alelos monomórficos. Foi observado um número total de quinze alelos, dos quais treze eram polimórficos e dois monomórficos. A percentagem média de polimorfismo foi de 80% para os dez iniciadores.

O primer SSR-18 foi considerado o mais eficiente entre todos os dez primers, pois apresentou os valores máximos para o conteúdo de informação polimórfica (PIC), ou seja, 0,334, índice de heterozigosidade (H), ou seja, 0,374, índice de marcadores (MI), ou seja, 0,374, poder de distinção (DP), ou seja, 0,079, enquanto os valores mais baixos foram observados para os primers SSR-01 e SSR-15. A média de PIC, H, MI, DP e EMR para todos os dez primers foi de 0,178, 0,192, 0,192, 0,031 e 1,000, respetivamente.

A matriz de similaridade de Jaccard gerada para os catorze isolados *de Trichoderma* com base nos resultados dos primers revelou que o valor do coeficiente de similaridade para os isolados variou de um valor mínimo de 0,429 a um valor máximo de 0,929. A semelhança mínima ou a maior variabilidade, de acordo com o índice de semelhança de Jaccard (0,429), foi observada entre os isolados TBT- 03 e TBT-12 e também TBT- 05 e TBT- 12, enquanto a semelhança máxima ou a menor variabilidade (0,929) foi registada entre os isolados TBT- 01 e TBT- 02, TBT- 01 e TBT- 08, TBT- 02 e TBT- 08, e os isolados TBT- 13 e TBT- 14.

O dendrograma construído utilizando o software NtSYS com base na estimativa da semelhança genética (Coeficiente de Jaccard) para a análise de agrupamentos, a fim de estabelecer a relação genética, resultou na classificação dos catorze isolados em dois agrupamentos A e B. O agrupamento menor B incluía um único isolado, ou seja, TBT- 05, enquanto o agrupamento maior A incluía todos os restantes treze isolados. O agrupamento A foi ainda dividido em dois subagrupamentos A1 e A2, dos quais o subagrupamento A1 era constituído por nove isolados, ou seja, TBT- 01, TBT- 02, TBT- 03, TBT- 04, TBT-06, TBT-07, TBT- 08, TBT- 09 e TBT- 10, enquanto o subagrupamento A2 era constituído por quatro isolados, ou seja, TBT- 11, TBT-12, TBT- 13 e TBT- 14. Foram observados outros subagrupamentos a nível individual nos dois subagrupamentos A1 e A2.

Os isolados TBT-01, TBT- 02 e TBT- 08 formaram um único grupo, inferindo que estão estreitamente relacionados. Do mesmo modo, os isolados TBT-13 e TBT-14 formaram outro agrupamento único, indicando uma maior semelhança entre eles. Este facto pode ser atribuído à localização das amostras de solo recolhidas para o isolamento de *Trichoderma*.

Trichoderma é um género diversificado de fungos do solo com valor económico significativo que pode sobreviver numa variedade de condições climáticas, incluindo sal, alcalinidade, privação de nutrientes e seca **(Caon *et al.*, 2017)**. Várias espécies de *Trichoderma* são benéficas para as plantas hospedeiras, oferecendo uma das alternativas mais viáveis para incentivar o crescimento das plantas, aumentando a saúde e a imunidade da planta **(Yedidia *et al.*, 2001)**. ativando os mecanismos de defesa das plantas, prevenindo surtos de patógenos e gerenciando doenças de plantas **(Druzhinina *et al.*, 2011)**

As espécies *de Trichoderma* encontram-se em todo o mundo, mas o género *Trichoderma* inclui uma grande variação inter e intra-específica **(Papavizas, 1985)**, cada espécie de *Trichoderma* tem as suas preferências ecológicas únicas. Recentemente, os métodos moleculares estão a ser amplamente utilizados para a caraterização de isolados *de Trichoderma*, o que inclui técnicas de sequenciação de ADN, análise SSR (Simple Sequence Repeats), análise RAPD (Random Amplification of Polymorphic DNA), análise ITS (Internal Transcribed Sequences) do ADN ribossómico.

As pesquisas e estudos realizados por vários cientistas e investigadores alinharam-se com os resultados obtidos no estudo seguinte. Os marcadores Simple Sequence Repeat (SSR) provaram ser uma ferramenta importante na análise da diversidade genética entre espécies de Trichoderma. Em um estudo semelhante, **Shahid *et al.* (2013)** relataram um polimorfismo de 77% e uma alta diversidade genética entre sete isolados *de Trichoderma* estudados. **Geistlinger *et al.* (2015), Mahfooz *et al.* (2017), Rai *et al.* (2019)** e **Maheshwary *et al.* (2022)** também obtiveram resultados semelhantes e relataram um nível significativo de diversidade genética entre os isolados *de Trichoderma* estudados usando o marcador SSR.

CAPÍTULO 6
RESUMO E CONCLUSÃO

A investigação foi efectuada no Departamento de Biotecnologia Agrícola, Faculdade de Agricultura, Universidade de Agricultura e Tecnologia Sardar Vallabhbhai Patel, Meerut, Uttar Pradesh (250110). Para o estudo, foram recolhidas amostras de solo de vários distritos de Uttar Pradesh para o isolamento de espécies de *Trichoderma.*

No total, foram isolados catorze isolados das amostras de solo por meio de diluição em série em meio seletivo *de Trichoderma* e posterior purificação em meio de ágar dextrose de batata. Para confirmar que os fungos isolados eram *Trichoderma* spp., os isolados foram caracterizados morfologicamente, observando as caraterísticas das suas colónias e o padrão de crescimento, e a nível molecular, utilizando os marcadores ITS ITS-1 e ITS-4. Os isolados apresentaram uma variedade de cores de colónias nas placas de Petri, desde verde claro, verde escuro, amarelo até colónias de cor branca. A taxa de crescimento mais rápida foi observada no isolado TBT- 01 e a mais lenta no TBT- 12. Os catorze isolados, ou seja, TBT- 01, TBT- 02, TBT- 03, TBT- 04, TBT- 05, TBT- 06, TBT- 07, TBT- 08, TBT- 09, TBT- 10, TBT- 11, TBT- 12, TBT- 13 e TBT- 14, foram submetidos a caraterização molecular. Foram utilizados marcadores SSR para estudar a diversidade genética entre os isolados.

Os isolados foram cultivados em meio líquido de caldo de batata-dextrose com agitação contínua para obter um elevado crescimento micelial para o isolamento do ADN. O ADN foi extraído dos isolados utilizando o protocolo estabelecido por **(Doyle *et al.*, 1987)** e submetido a amplificação por PCR. A diversidade genética entre os isolados *de Trichoderma* foi analisada usando um conjunto de 10 primers SSR sintetizados por encomenda da Sigma Aldrich Laboratories Pvt. Ltd., Bangalore. Entre os 10 iniciadores utilizados, foram obtidos alelos polimórficos em oito iniciadores (SSR- 06, SSR- 08, SSR- 10, SSR- 11, SSR- 13, SSR- 14, SSR- 18, SSR- 20), enquanto dois iniciadores (SSR- 01 e SSR- 15) produziram alelos monomórficos. Foi observado um número total de quinze alelos, dos quais treze eram polimórficos e dois monomórficos. A percentagem média de polimorfismo foi de 80% para os dez iniciadores.

A eficiência dos primers foi analisada com base em vários parâmetros, como o índice de heterozigotia, o conteúdo de informação de polimorfismo, o rácio multiplex eficaz, o índice de marcadores e o poder de discriminação. A análise dos resultados estabeleceu que o iniciador SSR 18 apresentou o valor mais elevado em todos os parâmetros (H- 0,374; PIC: 0,334; EMR: 1,000, MI: 0,374; DP: 0,079).

O coeficiente de semelhança de Jaccard foi calculado através da pontuação do padrão de bandas dos amplicões. A análise do coeficiente de semelhança revelou que o coeficiente de semelhança variou entre 0,929 e 0,500 entre os isolados *de Trichoderma*, indicando um grau moderado de polimorfismo no que respeita à semelhança genética. O isolado TBT-05 *de Trichoderma* apresentou o índice de semelhança mais baixo, indicando o nível mais elevado de diversidade genética entre os isolados.

Com base nos resultados do coeficiente de similaridade de Jaccard, foi construído um dendrograma utilizando o software NTSYS, que revelou que os isolados estavam divididos em dois grandes grupos A e B e que o grupo A estava ainda dividido em dois subgrupos A1 e A2. O agrupamento principal B era constituído por apenas um isolado, ou seja, TBT- 05, enquanto o subagrupamento A1 era constituído por nove isolados (TBT- 01, TBT- 02, TBT- 03, TBT-04, TBT-06, TBT- 07, TBT- 08, TBT- 09, TBT- 10) e o subagrupamento A2 era constituído por 4 isolados (TBT- 11, TBT-12, TBT- 13 e TBT- 14).

Conclusões

Os resultados do estudo permitiram chegar às seguintes conclusões:

i. As espécies de *Trichoderma* encontram-se abundantemente na biosfera do solo e podem ser facilmente isoladas pelo método de plaqueamento por diluição em série utilizando um meio seletivo *para Trichoderma.*

ii. Os isolados *de Trichoderma* são fáceis de cultivar e mostram um crescimento bom e prolífico em PDA e PDB.

iii. A diversidade genética entre os isolados *de Trichoderma* foi estudada utilizando um conjunto de dez iniciadores SSR que produziram um total de quinze alelos, dos quais treze bandas eram polimórficas e duas eram monomórficas.

iv. A análise dos marcadores SSR com base no coeficiente de semelhança de Jaccard revelou dois grupos principais nos isolados. O agrupamento A, constituído por treze isolados, dividiu-se em dois subagrupamentos A1 (TBT- 01, TBT- 02, TBT- 03, TBT- 04, TBT-06, TBT- 07, TBT- 08, TBT- 09, TBT- 10) e A2 (TBT- 11, TBT-12, TBT- 13 e TBT- 14), enquanto o agrupamento principal incluía apenas um isolado TBT- 05.

v. O valor do coeficiente de similaridade de Jaccard variou de 0,429 a 0,929 entre os catorze isolados.

vi. O primer SSR-18 foi considerado o mais eficaz entre os 10 primers com base nos resultados da indexação dos primers.

vii. A análise da diversidade genética utilizando marcadores SSR mostrou que o nível médio de polimorfismo foi de 80%.

viii. Foi revelado um nível significativo de diversidade entre os isolados estudados.

BIBLIOGRAFIA

Abou-Zeid, N. M., Ahmed, A. Y., Gado, E. M. e Mosa, A. A. (2009). Caracterização molecular de isolados *de Trichoderma* biocontrol utilizando o procedimento RAPD. *Associação Francesa de Proteção das Plantas.* **9:**196-202.

Agrios G. N. (2005). Patologia das plantas. *Elsevier.* **5**

Al-Araji, A. M. (2016). Caracterização molecular e variabilidade genética de isolados *de Trichoderma harzianum* usando marcadores PCR-RAPD. *Al-Nahrain Journal of Science.* **19(4)**:113-121.

Al-Sadi, A. M., Al-Oweisi, F. A., Edwards, S. G., Al-Nadabi, H. e Al-Fahdi, A. M. (2015). A análise genética revela diversidade e relação genética entre isolados de *Trichoderma* de meios de envasamento, solo cultivado e solo não cultivado. *BMC microbiologia.* 15**(1)**:1-11.

Azher, M., Aslam, K. M., Inam, Haq, M., Aslam, P. M. e Ummad, U. (2009). Utilidade de diferentes meios de cultura para a avaliação in vitro de *Trichoderma spp.* contra fungos de importância económica transmitidos por sementes. *Jornal de Fitopatologia do Paquistão.* 21**(1)**:83-88.

Prasanna, B. M. (2012). Diversidade no germoplasma global de milho: caraterização e utilização. *Journal of biosciences.* 37**(5):**843-855.

Bae, H., Roberts, D. P., Lim, H. S., Strem, M. D., Park, S. C., Ryu, C. M., Melnick, R. L. e Bailey, B. A. (2011). Endophytic *Trichoderma* isolates from tropical environments delay disease onset and induce resistance against *Phytophthora capsici* in hot pepper using multiple mechanisms". *Molecular Plant Microbe Interaction.* 24**(3)**:336-51.

Barcaccia, G., Albertini, E., Rosellini, D., Tavoletti, S. e Veronesi, F. (2000). Herança e mapeamento da produção de 2n-ovos em alfafa diploide. *Genome.* 43(**3**):528-537.

Bisby, G. R. (1939). *Trichoderma viride* pers. Ex fries e notas sobre *Hypocrea Transactions of the British Mycological Society.* 23(**2**):149-168.

Bissett, J. (1991). Uma revisão do género *Trichoderma. Canadian Journal of Botany.* 69(**11**): 2373-2417.

Buckingham, L. e Flaws, M. L. (2007). Sequenciação de ADN. *Molecular Diagnostics: Fundamentos, Métodos e Aplicações Clínicas.* 203-224.

Bustamante, D. E., Calderon, M. S., Leiva, S., Mendoza, J. E., Arce, M. e Oliva, M. (2021). Três novas espécies de *Trichoderma* nas linhagens Harzianum e Longibrachiatum de solos de cultivo de cacau peruano com base em uma abordagem integrativa. *Mycologia,* 113(**5**):1056-1072.

Butler, E. J. e Bisby, G.R. (1931). The fungi of India. *Science Monograph.* **1**:152-153.

Caon, L. e Vargas, R. (2017). Threats to soils: global trends and perspectives (Ameaças aos solos: tendências e perspectivas globais). Global Soil Partnership Organização das Nações Unidas para a Alimentação e a Agricultura, Brajendra (Eds.) Uma contribuição do painel técnico intergovernamental sobre os solos. *Documento de trabalho sobre as perspectivas globais da terra.*

Carvalho, D. D. C., Inglis, P. W., de Avila, Z. R., Martins, I., Muniz, P. H. P. e de Mello, S. C. (2018). Caraterísticas morfológicas e variabilidade genética de *Trichoderma spp.* de solos de cultivo convencional de algodão no Distrito Federal, Brasil. *Embrapa Recursos Genéticos e Biotecnologia-Artigo em periódico indexado (ALICE).* 10(**8**):146-155.

Cassago, A., Panepucci, R. A., Baiao, A. M. T. e Henrique-Silva, F. (2002). Método de mini-preparação baseado em celofane para extração de ADN do fungo filamentoso *Trichoderma reesei. BMC Microbiologia.* 2(**1**):1-4.

Chakraborty, B. N., Chakraborty, U., Dey, P. L. e Sunar, K. (2010). Relações filogenéticas de isolados de *Trichoderma* do Norte de Bengala com base na análise da sequência da região ITS do rDNA. *O Jornal de Investigação em Ciências Aplicadas.* 6**(10):**1477-1482.

Choi, I. Y., Hong, S. B. e Yadav, M. C. (2003). Caracterização molecular e morfológica do bolor verde, *Trichoderma spp.* isolado de cogumelos ostra isolados de cogumelos ostra. *Mycobiology.* 31**(2):**74-80.

Chomczynski, P. e Sacchi, N. (2006). O método de passo único de isolamento de ARN por extração de tiocianato de guanidínio ácido-fenol-clorofórmio: vinte e tal anos depois. *Nature protocols.* 1**(2):**581-585.

Choudary, K. A., Reddy, K. R. N. e Reddy, M. S. (2007). Atividade antifúngica e variabilidade genética de isolados *de Trichoderma harzianum. Journal of Mycology and Plant Pathology.* 37**(2):**1-6.

Choudhury, M. e Sen, C. (1999). Estudos sobre as variações morfológicas e a identidade cultural entre alguns isolados indígenas de *Trichoderma* spp. *Journal of Interacademicia.* 3**(34)**:239-252.

Cseke, L. J. e Herdy, J. R. (2012). Extração/caraterização de ADN. *Métodos em Biologia Celular.* **112:**1-32.

Cumagun, C. J. R. (2012). Gestão de doenças de plantas e promoção da sustentabilidade e produtividade com *Trichoderma*: A experiência das Filipinas. *Jornal de Ciência e Tecnologia Agrícola.* 14**(4)**:699-714.

Degenkolb, T., Fog, N. K., Dieckmann, R., Branco, R. F., Chaverri, P., Samuels, G. J. e Bruckner, H. (2015). Peptaibol, metabolito secundário e padrão de hidrofobina de agentes de biocontrolo comerciais formulados com espécies do complexo *Trichoderma harzianum. Química e Biodiversidade.* 12**(4)**:662-684.

Deshmukh, R., Ingle, S. T., Mane, S. S. e Davhale, P. N. (2018). Caracterização molecular de mutantes *de Trichoderma* com marcador RAPD e ISSR. *Jornal Internacional de Microbiologia Atual e Ciências Aplicadas.* 7**(10)**:2791-2798.

Devi, Y. R. e Sinha, B. (2014). Caracterização cultural e anamórfica de isolados *de Trichoderma* isolados da rizosfera de áreas de cultivo de feijão francês (*Phaseolus vulgaris l.)* de Manipur. *The Bioscan.* 9**(3):**1217-1220.

Doyle, J. J. e Doyle, J. L. (1987). Um procedimento rápido de isolamento de DNA para pequenas quantidades de tecido foliar fresco. *Boletim Fitoquímico.* 19 **(1):**11-15.

Druzhinina, I. S., Seidl, S. V., Herrera, E. A., Horwitz, B. A., Kenerley, C. M., Monte, E. e Kubicek, C. P. (2011). *Trichoderma*: a genómica do sucesso oportunista. *Nature reviews microbiology.* 9**(10)**:749-759.

Elad, Y., Chet, I. e Henis, Y. (1981). Um meio seletivo para melhorar o isolamento quantitativo de *Trichoderma spp.* do solo. *Phytoparasitica.* 9**(1)**:59-67.

El-Maghraby, M. A., Moussa, M. E., Hana, N. S. e Agrama, H. A. (2005). Combining ability under drought stress relative to SSR diversity in common wheat (Capacidade de combinação sob stress hídrico relativa à diversidade SSR em trigo mole*)*. *Euphytica.* 141**(3)**:301-308.

Fujimori, F. e Okuda, T. (1994). Aplicação do ADN polimórfico amplificado aleatório utilizando a reação em cadeia da polimerase para a eliminação eficaz de estirpes duplicadas no rastreio microbiano. *The Journal of Antibiotics.* 47**(2)**:173-182.

Geistlinger, J., Zwanzig, J., Heckendorff, S. e Schellenberg, I. (2015). Marcadores SSR para *Trichoderma virens*: sua avaliação e aplicação para identificar e quantificar cepas endofíticas de raízes. *Diversity.* 7**(4)**:360-384.

George, K. J., Varma, R. S., Ganga, G., Utpala, P., Sasikumar, B., Saji, K. V. e Parthasarathy, V. A. (2006). ISSR markers for genetic diversity analysis in spices-

An appraisal (Marcadores ISSR para análise da diversidade genética em especiarias - uma avaliação). *Indian Journal of Horticulture*. 63(**3**):302-304.

Ghildiyal, A. e Pandey, A. (2008) Isolamento de estirpes antifúngicas tolerantes ao frio de *Trichoderma spp.* de locais glaciares da região indiana dos Himalaias. *Research Journal of Microbiology*. 3(**8**):559-564.

Ghutukade, K. S, Deokar, C. D., Gore, N. S., Chimote, V. P. e Kamble, S. G. (2015). Caracterização molecular de isolados *de Trichoderma* por ISSR Marker. *Jornal de Agricultura e Ciência Veterinária*. 8(**7**):2319-2372.

Gopal, K., Sreenivasulu, Y., Gopi, V., Prasadbabu, G., Kumar, T. B., Madhusudhan, P. e Palanivel, S. G. (2008). Variabilidade genética e relações entre dezassete isolados *de Trichoderma* para controlar a doença da podridão radicular seca utilizando marcadores RAPD. *Zeitschrift für Naturforschung C*. 63(**9-10**):740-746.

Gurumurthy, S., Singh, S. J., Reddy, P. K. e Sinha, A. K. (2013). Análise RAPD de *Trichoderma spp.* isolado de campos de grão-de-bico de Uttar Pradesh. *Revista Internacional de Investigação Avançada*. 1(**8**):335-340.

Hajjar, R., Jarvis, D. I. e Gemmill-Herren, B. (2008). A utilidade da diversidade genética das culturas na manutenção dos serviços ecossistémicos. *Agriculture, Ecosystems and Environment*. 123(**4**):261-270.

Harman, G. E., Howell, C. R., Viterbo, A., Chet, I. e Lorito, M. (2004). *Espécies de Trichoderma* - simbiontes oportunistas de plantas avirulentas. *Nature Reviews Microbiology*. 2(**1**):43-56.

Hassan, M. M., Farid, M. A. e Gaber, A. (2019). Identificação rápida de *Trichoderma koningiopsis* e *Trichoderma longibrachiatum* usando marcadores de região amplificada caracterizados por sequência. *Jornal Egípcio de Controlo Biológico de Pragas*. 29(**1**). 1-8.

Herath, H. H. M. A. U., Wijesundera, R. L. C., Chandra Sekharan, N. V., Wijesundera, W. S. S. e Kathriarachchi, H. S. (2015). Isolamento e caraterização de *Trichoderma erinaceum* para atividade antagônica contra fungos patogênicos de plantas. *Pesquisa atual em micologia ambiental e aplicada.* 5(**2**):120-127.

Hernandez, A., Jimenez, M., Arcia, A., Ulacio, D. e Mendez, N. (2013). Caracterização molecular de 12 isolados de *Trichoderma spp.* usando RAPD e rDNA-ITS. *Bioagro.* 25(**3**):167-174.

Hewedy, O. A., Abdel, L. K. S., Seleiman, M. F., Shami, A., Albarakaty, F. M. e M. El-Meihy, R. (2020). Diversidade filogenética de cepas *de Trichoderma* e seu potencial antagônico contra patógenos transmitidos pelo solo em condições de estresse. *Biology.* 9(**8**):189-209.

Hewedy, O. A., Abdel, L. K. S. e Bakr, R. A. (2020). Diversidade genética e eficácia de biocontrolo de isolados indígenas de *Trichoderma* contra a murcha de *Fusarium* da pimenta. *Journal of Basic Microbiology.* 60(**2**):126-135.

Hillis, D. M., Moritz, C. e Mable, B. K. (1996). *Molecular systematics.* 85(**4**):536-537

Hima, V. M., Beena, S. e Cherian, A. K. (2016). Um método rápido e simples para o isolamento de DNA total de *Trichoderma spp. Jornal Internacional de Ciência Aplicada e Pura e Agricultura.* 2(**3**):83-85.

Hirpara, D. G., Gajera, H. P., Hirpara, H. Z. e Golakiya, B. A. (2017). Antipatia de *Trichoderma* contra *Sclerotium rolfsii* Sacc.: avaliação das atividades enzimáticas de degradação da parede celular e análise da diversidade molecular de antagonistas. *Journal of Molecular Microbiology and Biotechnology.* 27(**1**):22-28.

Howell, C. R. (2003). Mecanismos utilizados por espécies de *Trichoderma* no controlo biológico de doenças das plantas: a história e a evolução dos conceitos actuais. *Plant Disease.* **87(1)**:4-10.

Hughes, W. O. e Boomsma, J. J. (2004). Genetic diversity and disease resistance in leaf cutting ant societies (Diversidade genética e resistência a doenças em sociedades de formigas cortadeiras). *Evolution.* 58**(6):**1251-1260.

Inglis, P. W., Pappas, M. D. C. R., Resende, L. V. e Grattapaglia, D. (2018). Protocolos rápidos e baratos para extração consistente de DNA e RNA de alta qualidade de amostras desafiadoras de plantas e fungos para aplicações de genotipagem e sequenciamento de SNP de alto rendimento. *Plos um.* 13**(10)**:e0206085.

Joshi, B. B., Vishwakarma, M. P., Bahukhandi, D. e Bhatt, R. P. (2012). Estudos sobre estirpes de *Trichoderma* spp. da elevada altitude da região dos Himalaias de Garhwal. *The Journal of Environmental Biology.* **33**:843-847.

Kadu, T. P., Gade, R. M., Rathod, J. P., Paraskar, S., Malghane, B. e Shedmake, A. (2019). Procedimento rápido e eficiente para extração de DNA genômico de *Trichoderma spp. Jornal Internacional de Microbiologia Atual e Ciências Aplicadas.* 8**(5)**:993-996.

Kale, G. J, Rewale, K. A., Sahane, S. P. e Magar, S. J. (2018). Isolamento de *Trichoderma spp.* dos solos rizosféricos da cultura do tomate cultivada na região de Marathwada. *Jornal de Farmacognosia e Fitoquímica.* 7**(3)**:3360-3362.

Kaushal, S., Chandel, S., Sharma, M. e Kashyap, P. (2018). Estudo da diversidade morfológica e molecular entre os isolados de *Trichoderma* usando marcadores RAPD. *Revista Internacional de Estudos Químicos.* 6**(4)**:1731-1735.

Khandelwal, M., Datta, S., Mehta, J. Naruka, R., Makhijani, K., Sharma, G., Kumar, R. e Chandra, S. (2012) Isolamento, caraterização e produção de biomassa de *Trichoderma* viride utilizando vários produtos agrícolas - Um agente de biocontrolo. *Avanços na Investigação Científica Aplicada,* 3**(6)**:3950-3955

Krishna, K N., Amaresan, S., Bhagat, K., Madhuri, e Srivastava, R. C. (2011). Isolamento e caraterização de *Trichoderma* spp. para atividade antagonista contra a podridão radicular e agentes patogénicos foliares. *Indian Journal of Microbiology.* 52**(2)**:137-144

Kumar, M. A. e Sharma, P. (2011). Caracteres moleculares e morfológicos: An appurtenance for antagonism in *Trichoderma* spp. *Jornal Africano de Biotecnologia.* 10**(22)**: 4532-4543.

Kumar, M., Ponnuswami, V., Nagarajan, P., Jeyakumar, P. e Senthil, N. (2013). Caracterização molecular de dez cultivares de manga utilizando marcadores de repetição de sequências simples (SSR). *Jornal Africano de Biotecnologia.* 12**(47)**:6568-6573.

Lakhani, H. N., Vakharia, D. N., Hassan, M. M. e Eissa, R. A. (2016). Impressão digital e comparação molecular entre duas cepas parentais de *Trichoderma* spp. e seus fusantes correspondentes produzidos por fusão de protoplastos. *Biotecnologia e Equipamentos Biotecnológicos.* 30**(6)**:1065-1074.

Lapitan, V. C., Brar, D. S., Abe, T. e Redona, E. D. (2007). Avaliação da diversidade genética de cultivares de arroz das Filipinas com caraterísticas de boa qualidade utilizando marcadores SSR. *Breeding Science.* 57**(4)**:263-270.

Levinson, G. e Gutman, G. A. (1987). Slipped-strand mispairing: um mecanismo importante para a evolução da sequência de DNA. *Molecular biology and evolution.* 4**(3)**:203-221.

Litt, M. e Luty, J. A. (1989). Um microssatélite hipervariável revelado pela amplificação in vitro de uma repetição de dinucleótidos no gene da actina do músculo cardíaco. *American Journal of Human Genetics.* 44**(3)**:397.

Maheshwary, N. P., Naik, B. G., Chittaragi, A., Naik, M. K., Satish, K. M., Nandish, M. S. e Patil, B. (2022). Caracterização morfo-molecular, análise da diversidade e atividade antagonista de isolados de Trichoderma contra agentes patogénicos predominantes no solo. *Indian Phytopathology.* **1:**12.

Mahfooz, S., Singh, S. P., Mishra, N. e Mishra, A. (2017). Uma comparação de microssatélites em espécies *de Aspergillus* fitopatogénicas, a fim de desenvolver marcadores para a avaliação da diversidade genética entre os seus isolados. *Frontiers in microbiology.* 8**(1774):**1-11.

Mahfooz, S., Srivastava, A., Yadav, M. C. e Tahoor, A. (2019). A genômica comparativa em procariotos pitopatogênicos revela a maior abundância relativa e densidade de SSRs longos no menor genoma procariótico. *Biotech,* 9**(9):**1-11.

Martinez, D., Berka, R. M., Henrissat, B., Saloheimo, M., Arvas, M., Baker, S. E. e Brettin, T. S. (2008). Sequenciação e análise do genoma do fungo degradador de biomassa *Trichoderma reesei (*syn. *Hypocrea jecorina*). *Nature biotechnology.* 26**(5):**553-560.

Mazrou, Y. S., Makhlouf, A. H., Elseehy, M. M., Awad, M. F. e Hassan, M. M. (2020). Atividade antagônica e caraterização molecular do agente de controle biológico *Trichoderma harzianum* da Arábia Saudita. *Jornal Egípcio de Controlo Biológico de Pragas.* 30**(1):**1-8.

Meena, A. K. e Meena, A. K. (2016). Caracterização e efeito antagonista de *Trichoderma* spp. isolado contra patógenos sob feijão de cacho (*Cyamopsis tetragonoloba* L.). *Indian Journal of Agricultural Research.* 50**(3):**249-253.

Meshu, S. F., Ingle, S. T., Mane, S. S., Giri, G. K. e Shinde, P. B. (2019). Variações morfológicas e moleculares entre os isolados de *Trichoderma longibrachiatum* usando marcadores RAPD. *Journal of Mycopathological Research.* 57**(2):**113-116.

Mishra, B. K., Rohit, K. M., Mishra, R. C., Amit, K T., Ramesh, S. Y. e Anupam, D. (2011). Eficácia de biocontrolo de isolados *de Trichoderma viride* contra patógenos fúngicos de plantas que causam doenças em *Vigna radiata L. arch. Investigação Científica Aplicada* 3**(2)**:361-369.

Mishra, S. (2016). Caracterização de estirpes *de Trichoderma* isoladas das divisões de Bilaspur e Sarguja quanto à sua atividade de promoção do crescimento vegetal e potencial de controlo de doenças. Tese de Mestrado (Agri.), Indira Gandhi Krishi Vishwavidyalaya, Raipur (Índia).

Mondini, L., Noorani, A. e Pagnotta, M. A. (2009). Assessing plant genetic diversity by molecular tools. *Diversity.* 1**(1)**:19-35.

Mukesh, S., Anuradha, S. e Srivastava, D. K. (2012) Caracterização morfológica e molecular de isolados *de Trichoderma*: Um antagonista contra agentes patogénicos transmitidos pelo solo. *Revista Internacional de Investigação Científica.* 3**(7)**:2399-2404.

Müller, F. M. C., Werner, K. E., Kasai, M., Francesconi, A., Chanock, S. J. e Walsh, T. J. (1998). Extração rápida de ADN genómico de leveduras e fungos filamentosos de importância médica por rutura celular a alta velocidade. *Journal of Clinical Microbiology.* 36**(6)**:1625-1629.

Muthu, K. A. e Sharma, P. (2011). Caracteres moleculares e morfológicos: An appurtenance for antagonism in *Trichoderma* spp. *Jornal Africano de Biotecnologia.* 10**(22)**:4532-4543.

Muthu, K. e Pratibha, S. (2016) Caracterização morfológica de isolados de biocontrolo de *Trichoderma* para estudar a correlação entre caracteres morfológicos e eficácia de biocontrolo. *Cartas Internacionais de Ciências Naturais.* **55**:57-67

Muthumeenakshi, S., Mills, P. R., Brownd, A. E. e Seaby, D. A. (1994). Variação molecular intra-específica entre isolados *de Trichoderma harzianum* que colonizam composto de cogumelos nas Ilhas Britânicas. *Microbiology.* 140**(4)**:769-777.

Naher, L., Mokhtar, S. I. B. e Sidek, N. B. (2015). Crescimento *de Trichoderma* harzianum T32 e desempenho antagónico contra *Ganoderma boninense* em diferentes meios de cultura. *Conferência internacional sobre ciência biológica, química e ambiental.* 33-35.

Nandini, B., Puttaswamy, H. e Saini, R. K. (2021). Trichovariabilidade em amostras de solo da rizosfera e seu potencial de biocontrole contra o patógeno do míldio em milheto. *Relatórios Científicos.* **11**:9517.

Navyashree, S. E., Koulagi, S., Nishani, S., Kantharaju, V. e Patil, C. P. (2018). Caracterização molecular de *Trichoderma harzianum* e *Trichoderma viride* isolados de solos da rizosfera por marcadores RAPD. *Revista Internacional de Microbiologia Atual e Ciências Aplicadas.* 7**(6)**:490-497.

Nusrat, J., Sabiha, S., Adhikary, S. K. Sanzida, R. e Suraiya, Y. (2013). Avaliação do desempenho de crescimento de *Trichoderma harzianum* (Rifai.) em diferentes meios de cultura. *Journal of Agriculture and Veterinary Science.* 3**(4)**:44-50.

Pandya, J., Sabalpara, A. e Mahatma, M. (2017). Análise de DNA polimórfico amplificado aleatoriamente de isolados nativos *de Trichoderma. Asian Journal of Applied Science and Technology.* 1**(5)**:147-150.

Papavizas, G. C. (1985). *Trichoderma* e *Gliocladium:* biologia, ecologia e potencial de biocontrolo. *The Annual Review of Phytopathology.* 23**(1)**:23-54

Parida, S. K., Kalia, S. K., Kaul, S., Dalal, V., Hemaprabha, G., Selvi, A. e Mohapatra, T. (2009). Marcadores genómicos informativos de microssatélites para aplicações eficientes de genotipagem na cana-de-açúcar. *Theoretical and Applied Genetics.* 118**(2)**:327-338.

Parvin, S., Islam, A. T. M. S., Siddiqua, M. K., Uddin, M. N. e Meah, M. B. (2011). Análise RAPD de isolados *de Trichoderma* para seleção superior para preparação de biopesticidas. *Jornal Coreano de Ciência das Culturas.* 56(**1**):35-43.

Persoon, C. H. (1794). Produção de antibióticos não voláteis. *Romers Neues Mag Bot.* 1(**2**): 8-128.

Prameela, D., Prabhakaran, N., Deeba, K., Pankaj, P. e Jyoti, L. B. (2012). Caracterização de isolados nativos indianos de *Trichoderma* spp. e avaliação da sua eficiência de biocontrolo contra agentes patogénicos de plantas. *Jornal Africano de Biotecnologia.* 11(**85**):15150-15160.

Praveen, K D., Thenmozhi, R., Anupama, P. D., Nagasathya, A., Thajuddin, N. e Paneerselvam, A. (2012). Seleção de potenciais isolados antagonistas de *Bacillus* e *Trichoderma* do solo rizosférico do tomateiro contra *Fusarium oxysporum f.sp. lycoperscisi. Journal of Microbiology and Biotechnology Research.* 2(**1**):78-89.

Purnima, S. A., Kumar, Y., Singh, S. K., Mishra, P. T. e Kumar, B. (2020). Avaliação da variabilidade morfológica e molecular entre diferentes isolados de *Trichoderma. Journal of Experimental Biology and Agricultural Science.* 8(**1**):41-47.

Puyam, A. (2016). Advento de *Trichoderma* como agente de bio-controlo - uma revisão. *Jornal de Ciências Aplicadas e Naturais.* 8(**2**):1100-1109.

Rahel, R. Y., Nagamani, A. e Sarojini, C. K. (2014) Diversidade de espécies de *Trichoderma* em solos de campos de hortelã japonesa. *Revista Internacional de Pesquisa Científica e Tecnológica Avançada.* 4(**4**):379-387.

Rai, S., Kashyap, P. L., Kumar, S., Srivastava, A. K. e Ramteke, P. W. (2016). Análise comparativa de microssatélites em cinco espécies antagónicas diferentes *de Trichoderma* para avaliação da diversidade. *Revista Mundial de Microbiologia e Biotecnologia.* 32(**1**):1-11.

Rai, S., Ramteke, P. W., Sagar, A., Dhusia, K. e Kesari, S. K. (2019). Avaliação da diversidade de espécies antagônicas *de Trichoderma* por análise comparativa de microssatélites em rizobactérias promotoras do crescimento de plantas (PGPR). *Perspectivas para a agricultura sustentável*: 233-254

Raihan, A., Rahman, M. A. e Nahiyan, A. S. M. (2016). Método de extração de DNA genômico de colônias *de Trichoderma* spp. sem o uso de fenol. *Jornal Imperial de Pesquisa Interdisciplinar*. 2**(4)**:810-814.

Rani, A. R., Ahammed, S. K. e Patibanda, A. K. (2017). Diversidade genética de *Trichoderma* sp. de regiões da rizosfera de diferentes sistemas de cultivo usando marcadores RAPD. *Revista Internacional de Microbiologia Atual e Ciências Aplicadas*. 6**(7)**:1618-1624.

Rao, R. V. e Hodgkin, T. (2002). Genetic diversity and conservation and utilization of plant genetic resources (Diversidade genética e conservação e utilização dos recursos genéticos vegetais). *Cultura de células, tecidos e órgãos vegetais*. 68**(1)**:1-19.

Rifai, M. A. (1969). Uma revisão do género *Trichoderma*. *Mycological Papers*. 116:1-56.

Rodriguez, del C. H. M., Evans, H. C., Abreu, de L. M., Macedo, de D. M., Ndacnou, M. K., Bekele, K. B. e Barreto, R. W. (2021). Novas espécies e registos de *Trichoderma* isolados como micoparasitas e endófitos de café cultivado e selvagem em África. *Relatórios científicos*. 11**(1)**:1-30.

Sagar, M. S. I., Meah, M. B., Rahman, M. M. e Ghose, A. K. (2011). Determinação das variações genéticas entre diferentes isolados de Trichoderma utilizando o marcador RAPD no Bangladesh. *Jornal da Universidade Agrícola do Bangladesh*. 9**(1)**:9-20.

Sambrook, J. e Russell, D. W. (2001). Molecular Cloning. *Cold Springs Harbor Lab Press*. **Vol. 1, 2, 3.**

Samuels, G. J., Lieckfeldt, E. e Nirenberg, H. I. (1996). Descrição de *T. asperellum* e comparação com *T. viride*. *Sydowia*. 51:71-88.

Schlick, A., Kuhls, K., Meyer, W., Lieckfeldt, E., Borner, T. e Messner, K. (1994).

Fingerprinting revela mutações induzidas por raios gama no ADN de fungos: implicações para a identificação de estirpes patenteadas de *Trichoderma harzianum*. *Current Genetics.* 26(**1**):74-78.

Schoch, C. L., Seifert, K. A., Huhndorf, S., Robert, V., Spouge, J. L., Levesque, C. A., Fungal Barcoding Consortium (2012). Região do espaçador transcrito interno ribossómico nuclear (ITS) como marcador universal de código de barras de ADN para Fungi. *Actas da Academia Nacional de Ciências.* 109(**16**):6241-6246.

Shahbazi, S., Fallah, H. A., Askari, H. e Ebrahimi, M. A. (2017). Diagnóstico baseado em marcadores moleculares da diversidade genética em *Trichoderma* spp. com mutação gama. *Revista Internacional de Pesquisa Agrícola e Ambiental.* 3(**1**):56-71.

Shahid, M., Srivastava, M., Kumar, V., Singh, A. e Pandey, S. (2014). Determinação genética de espécies potenciais *de Trichoderma* usando o marcador ISSR (Microsatélite) em Uttar Pradesh. *Tecnologia Microbiana e Bioquímica.* 6(**3**):174-178.

Shahid, M., Srivastava, M., Pandey, S., Singh, A. e Kumar, V. (2014). Caracterização molecular de *Trichoderma* sp. isolado de solos rizosféricos de Uttar Pradesh (Índia) com base em perfis de microssatélites. *Jornal Africano de Biotecnologia.* 13(**31**):3650-3656.

Shahid, M., Srivastava, M., Sharma, A., Kumar, V., Pandey, S. e Singh, A. (2013). Identificação morfológica, molecular e análise de marcadores SSR de uma potencial estirpe de *Trichoderma/Hypocrea* para a produção de uma bioformulação. *Journal of Plant Pathology and Microbiology.* 4(**10**):1.

Shalini, S. e Kotasthane, A. S. (2007). Parasitismo de *Rhizoctonia solani* por estirpes de *Trichoderma* spp. *The Electronic Journal of Environmental, Agricultural and Food Chemistry.* 6(**8**):2272-2281.

Sharma, K. K. e Singh, U. S. (2014). Caracterização cultural e morfológica de isolados rizosféricos do antagonista fúngico *Trichoderma. Journal of Applied and Natural Science.* 6**(2):**451-456.

Sharma, K. K., Zaidi, N. W., Pundhir, V. S. e Singh, U. S. (2010). Estudo da diversidade genética em isolados *de Trichoderma* rizosféricos de Uttarakhand. *Anais das Ciências da Proteção das Plantas.* 18**(2):**403-410.

Singh, A., Dikshit, H. K., Jain, N., Singh, D. e Yadav, R. N. (2014). Eficiência dos marcadores SSR, ISSR e RAPD na caraterização molecular de mungbean e outras espécies de *Vigna. Jornal Indiano de Biotecnologia.* **13:**81-88.

Singh, M. e Majumdar, V. L. 1995. Antagonistic activity of *Trichoderma* spp. to *M. phasealina* (Tassi) Goid *in vitro. Environment and Ecology.* 13**(2):**481-482.

Singh, P., Kumar, A., Singh, Y., Mishra, S. K. e Kumar, B (2020). Avaliação da variabilidade morfológica e molecular entre diferentes isolados de *Trichoderma. Jornal de Biologia Experimental e Ciências Agrícolas.* 8**(1):**41-47.

Singh, P., Srivastava, M., Singh, A. e Shahid, M. (2014). Variabilidade genética de *Trichoderma atroviride* isolado do campo de lentilhas através da análise RAPD. *Progressive Agriculture.* 14**(1):**117-121.

Skoneczny, D., Oskiera, M., Szczech, M. e Bartoszewski, G. (2015). Diversidade genética de estirpes *de Trichoderma atroviride* recolhidas na Polónia e identificação de loci úteis na deteção da diversidade dentro das espécies. *Folia Microbiologica.* 60**(4):**297-307.

Sreedevi, B., Charitha, D. M. e Saigopal, D. V. R. (2011) Isolamento e rastreio de *Trichoderma* spp. eficazes contra o agente patogénico da podridão radicular *Macrophomina phaseolina. Jornal de Tecnologia Agrícola.* 7**(3):**623-635.

Sun, J., Yuan, X., Li, Y., Wang, X. e Chen, J. (2019). A via de degradação do 2, 2-

diclorovinil dimetil fosfato (DDVP) pela cepa T23 *de Trichoderma atroviride* e caraterização de uma enzima semelhante à paraoxonase. *Microbiologia Aplicada e Biotecnologia.* 103**(21)**:8947-8962.

Thakur, A. K. e Norris, R. V. (1928). Um estudo bioquímico de alguns fungos do solo com especial referência à produção de amoníaco. *Journal of the Indian Institute of Science.* **11**:141-160.

Trethowan, R. M. e Mujeeb, K. A. (2008). Novos recursos de germoplasma para melhorar a tolerância ao stress ambiental do trigo hexaplóide. *Ciência das culturas.* 48**(4)**:1255-1265.

Tulasne, L. e Tulasne, R. (1860). De quelques sphéries fungicoles, à propos d'un mémoire de m. *Annales des Sciences Naturelles; Botanique.* 13:5-19.

Van Burik, J. A., Schreckhise, R. W., White, T. C., Bowden, R. A. e Myerson, D. (1998). Comparação de seis técnicas de extração para o isolamento de ADN de fungos filamentosos. *Medical mycology.* 36**(5)**:299-303.

Vazquez-Angulo, J. C., Mendez-Trujillo, V., Gonzalez-Mendoza, D., Morales-Trejo, A., Grimaldo-Juarez, O. e Cervantes-Diaz, L. (2012). Um método rápido e económico para o isolamento de ADN total de *Trichoderma spp.* (Hypocreaceae). *Genética e investigação molecular: GMR.* 11**(2)**:1379-1384.

Williams J. G. K., Kubelik A. R., Livak K. L., Rafalski J. A. e Tingey S. V. (1990). Os polimorfismos de ADN amplificados por iniciadores arbitrários são utilizados como marcadores genéticos. *Nucleic Acids Research.* **18:**6531-6535.

Wuczkowski, M., Druzhinina, I., Gherbawy, Y., Klug, B., Prillinger, H. e Kubicek, C. P. (2003). Padrão de espécies e diversidade genética de *Trichoderma* numa floresta de planície aluvial primitiva do centro da Europa. *Microbiological research.* 158**(2)**:125-133.

Xia, X., Lie, T. K., Qian, X., Zheng, Z., Huang, Y. e Shen, Y. (2011). Diversidade de espécies, distribuição e estrutura genética de *Trichoderma* endofítico e epifítico associado a raízes de bananeira. *Microbial ecology.* 61**(3)**:619-625.

Yadav, U. e Choudhury, P. P. (2014). Biodegradação de sulfosulfurão em solo agrícola por *Trichoderma spp. Cartas em microbiologia aplicada.* 59**(5)**:479-486.

Yedidia, I., Srivastva, A. K., Kapulnik, Y. e Chet, I. (2001). Efeito de *Trichoderma harzianum* nas concentrações de microelementos e aumento do crescimento de plantas de pepino. *Plant and Soil.* 235**(2)**:235-242.

Zimand, G., Valinsky, L., Elad, Y., Chet, I. e Manulis, S. (1993). Impressão digital de DNA de um isolado *de Trichoderma* pelo procedimento RAPD (*Trichoderma hamatum*). *Boletim OILB.* 16**(11)**:173-176.

Zin, N. A. e Badaluddin, N. A. (2020). Funções biológicas de *Trichoderma* spp. para aplicações agrícolas. *Anais de Ciências Agrícolas.* 65**(2)**:168-178.

RESUMO

Nome: Swapnil Srivastava **Id. N.º:** PG/A-5313/20

Grau: M.Sc. (Ag.) **Major:** Biotecnologia agrícola

Faculdade: Faculdade de Agricultura **Minor:** Genética e Melhoramento de Plantas

Conselheiro: Dr. Mukesh Kumar

Título da tese: **"Análise da diversidade genética de isolados *de Trichoderma* usando marcadores SSR".**

Trichoderma é um género de fungos da família Hypocreaceae que se encontra em todos os tipos de solos e é o fungo cultivável mais comum. Ocorrem em todo o mundo e podem ser facilmente isolados do solo, matéria orgânica vegetal, madeira em decomposição, etc. É um agente de biocontrolo agressivo bem conhecido e tem um elevado potencial de reprodução e colonização. Neste estudo, a diversidade genética entre catorze isolados *de Trichoderma* (TBT- 01 a TBT- 14) foi avaliada utilizando dez marcadores SSR. Foram colhidas amostras de solo rizosférico de vários locais de Uttar Pradesh, que foram submetidas a diluição em série e plaqueadas num meio seletivo *de Trichoderma.* As colónias dos isolados foram cultivadas em ágar Batata Dextrose para isolamento de ADN e estudos moleculares. Foram utilizados dez iniciadores SSR (SSR-01, SSR- 06, SSR- 08, SSR- 10, SSR- 11, SSR-13, SSR- 14, SSR-15, SSR- 18 e SSR- 20) para a amplificação por PCR do ADN isolado.

O estudo revelou que foi obtido um total de 15 alelos nos 10 iniciadores, entre os quais 13 alelos polimórficos e 2 alelos monomórficos. Os primers SSR- 01 e SSR- 15 apresentaram monomorfismo, enquanto todos os outros primers possuíam polimorfismo de níveis variáveis. O coeficiente de similaridade de Jaccard calculado variou de 0,429 a 0,929. Com base na matriz de similaridade, a maior similaridade (0,929) foi observada entre os isolados TBT- 01 e TBT- 02, TBT- 01 e TBT- 08, TBT- 02 e TBT- 08 e os isolados TBT- 13 e TBT- 14, enquanto a similaridade mínima foi observada entre os isolados TBT- 03 e TBT-12 e também TBT- 05 e TBT- 12. O dendrograma construído utilizando o software NTSYS dividiu os isolados num agrupamento maior e num agrupamento menor. O agrupamento menor B incluía apenas um isolado TBT- 05, enquanto o agrupamento maior A incluía todos os outros 13 isolados divididos em dois subagrupamentos. Dentro dos dois subagrupamentos A1 e A2, observaram-se mais subagrupamentos a nível individual. Os isolados TBT- 01, TBT- 02 e TBT- 08 formaram um único agrupamento, revelando o seu parentesco entre si, enquanto os isolados TBT- 13 e TBT- 14 se agruparam num único agrupamento, indicando que estavam estreitamente relacionados. O estudo revelou um nível significativo de diversidade genética entre os isolados.

(Mukesh Kumar) (Swapnil Srivastava)

Autor conselheiro

VITAE

I. DADOS PESSOAIS:

Nome: **Swapnil** ■

Data de nascimento: **02 de janeiro de 1998**

Nome do pai: **Manoj Kumar Srivastava**

Nome da mãe: **Kiran Srivastava**

Endereço: **D-65/110, J-2 Jeotpura, Lahartara, Varanasi (221-002)**

Correio eletrónico: **srivastavaswapnil50@gmail.com**

II. HABILITAÇÕES ACADÉMICAS:

Grau	Ano	Escola/Universidade	CGPA/Percentagem
Escola secundária	2014	Escola Sunbeam Lahartara, Varanasi	8,60 CGPA
Intermediário	2016	Escola Sunbeam Lahartara, Varanasi	84.40%
Licenciatura (Hons.) em Agricultura	2016-2020	Sam Higginbottom Universidade de Agricultura, Tecnologia e Ciências, Prayagraj	77.10%
Mestrado em Agricultura (Biotecnologia Agrícola)	2020-2022	Universidade de Agricultura e Tecnologia Sardar Vallabhbhai Patel, Meerut	85.10%

III. PROJECTOS ACADÉMICOS:

Experiência de trabalho agrícola rural (RAWE) na aldeia Bakuliya Jagir, Bloco Manda, Prayagraj (agosto-outubro de 2019)

Aprendizagem experimental sobre "Processamento de alimentos e desenvolvimento de produtos" na Faculdade Ethelind de Ciências Domésticas, SHUATS, Prayagraj. (outubro - dezembro de 2019)

Formação industrial na exploração pecuária e agrícola estatal, Varanasi. (janeiro- abril de 2020)

IV. COMPETÊNCIAS TÉCNICAS:

Técnicas moleculares, Técnicas microbiológicas, Cultura de tecidos de plantas

Declaração

Declaro solenemente que todas as informações acima mencionadas são verdadeiras, tanto quanto é do meu conhecimento e consentimento.

Swapnil Srivastava

Printed by Books on Demand GmbH, Norderstedt / Germany